デザインの学校

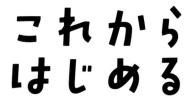

これからはじめる

Jw_cadの本

の本

[Version 8.25a対応]

政家諒 著

技術評論社

本書の特徴

最初から通して読むと、 体系的な知識 ・ 操作が身につきます

読みたいところから読んでも、 個別の知識 ・ 操作が身につきます

練習ファイルを使って学習できます

本書の使い方

本文は、①②③…の順番に手順が並んでいます。この順番で操作を行ってください。

それぞれの手順には、❶❷❸…のように、数字が入っています。

この数字は、操作画面内にも対応する数字があり、操作を行う場所と操作内容を示しています。

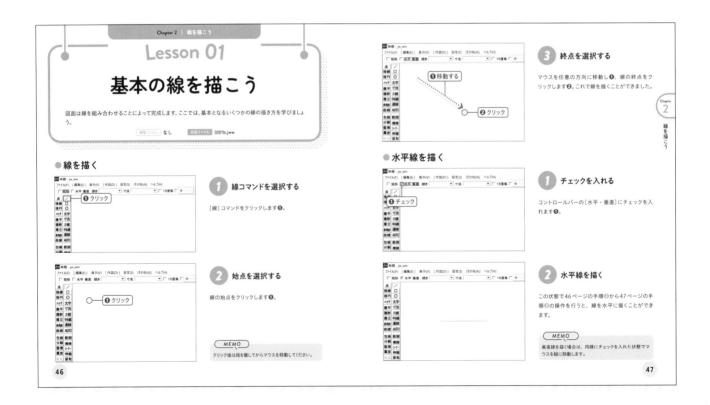

Visual Index

具体的な操作を行う各章の頭には、その章で学習する内容を資格的に把握できるインデックスがあります。
このインデックスから、自分のやりたい操作を探し、表示のページに移動すると便利です。

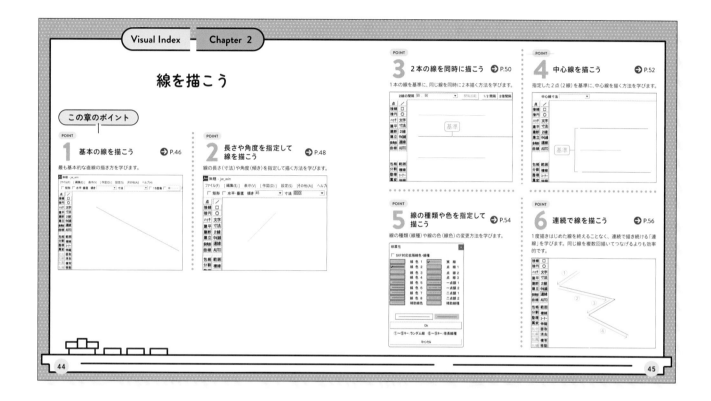

免責

本書に記載された内容は、情報の提供のみを目的としています。したがって、本書を用いた運用は、かならずお客様自身の責任と判断によって行ってください。これらの情報の運用の結果、いかなる障害が発生したとしても、技術評論社および著者はいかなる責任も負いません。また、ソフトウェアに関する記述は、特に断りのない限り、2023年3月現在のJw_cadの最新バージョンを元にしています。ソフトウェアはバージョンアップされる場合があり、本書での説明とは機能内容や画面図が異なってしまう場合もあり得ますので、ご注意ください。本書は、Jw_cad version8.25aとWindows11を使用して操作方法を解説しています。

以上の注意事項をご了承いただいた上で、本書をご利用願います。これらの注意事項に関わる理由に基づく、返金、返本を含む、あらゆる対処を、技術評論社および著者は行いません。あらかじめご承知おきください。

商標

本書に記載した会社名、プログラム名、システム名などは、各社の米国およびそのほかの国における登録商標または商標です。本文では™、®マークは明記していません。

Contents

.. Chapter ..

1 基本操作を覚えよう ——————— 19

● 練習用サンプルファイルのダウンロード

本書で使用する練習用サンプルファイルは、以下のURLからダウンロードできます。

https://gihyo.jp/book/2023/978-4-297-13439-6/support

サンプルファイルは圧縮されているので、展開してご利用ください。

1 Webブラウザ（ここではMicrosoft Edge）を起動し、URL入力欄に「https://gihyo.jp/book/2023/978-4-297-13439-6/support」と入力し❶、 Enter キーを押します。

2 ダウンロードページが表示されたら、［サンプルファイル］をクリックします❶。

3 ［ファイルを開く］をクリックします❶。

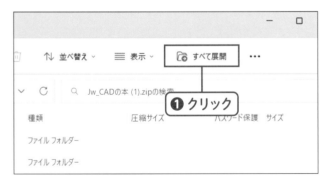

4 ［すべて展開］をクリックすると❶、フォルダが解凍されます。適宜デスクトップにコピーするなどしてお使いください。

Jw_cadのインストール

本書にJw_cadは付属していません。次の方法でJw_cadのWebサイト（https://www.jwcad.net）からダウンロードし、インストールを行ってください。なお、インストールが完了するまで時間がかかることもあります。

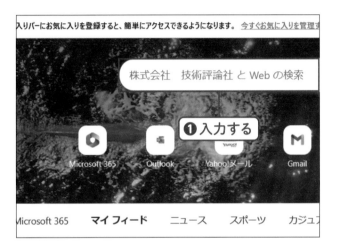

1 Webブラウザ（ここではMicrosoft Edge）を起動し、URL入力欄に「https://www.jwcad.net」と入力し❶、Enter キーを押します。

2 ダウンロードページが表示されたら、［ダウンロード］をクリックします❶。

3 ［Jwcad.net］をクリックします❶。

4 ダウンロードが実行されます。

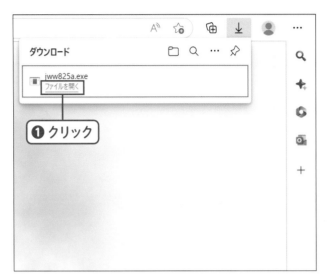

5 [ファイルを開く]をクリックします❶。[このアプリが
デバイスに変更を加えることを許可しますか?]と表示
されるので、[はい]をクリックします。

6 [使用許諾契約書の同意]が表示されるので、[同意す
る]にチェックを入れて❶、[次へ]をクリックします❷。

7 [インストール先の指定]が表示されます。[次へ]をク
リックします❶。

8 [スタートメニューフォルダーの指定]で[次へ]をクリッ
クします❶。

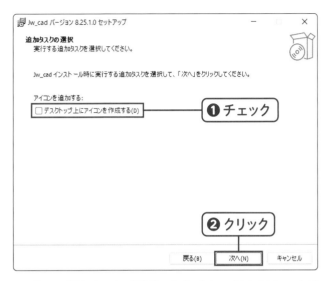

9 [追加タスクの選択]で[デスクトップ上にアイコンを表示する]にチェックを入れて❶、[次へ]をクリックします❷。

10 [インストール準備完了]で[インストール]をクリックします❶。

11 ダウンロードされました。[完了]をクリックします❶。

Jw_cadを起動する

以下の方法でJw_cadを起動します。あらかじめパソコンに、Jw_cadがインストールされていることを前提とします。

1 [スタート] ボタンをクリックします❶。

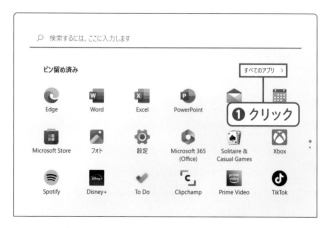

2 [すべてのアプリ] をクリックします❶。

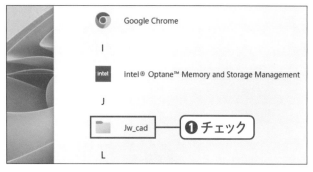

3 [J] の項目から [Jw_cad] をクリックします❶。

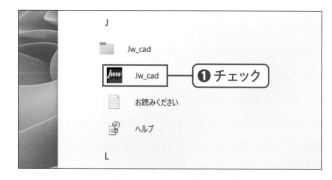

4 展開されたメニューから [Jw_cad] をクリックします❶。

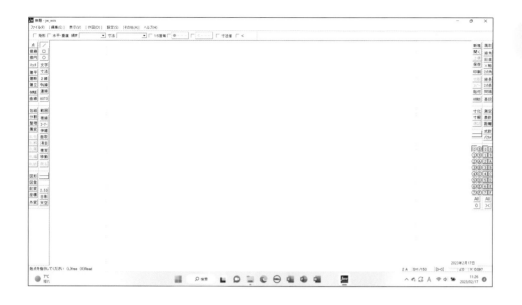

5 Jw_cadが起動しました。

Jw_cadを終了する

作業が終わり、Jw_cadを終了する時は、以下の操作を行います。

1 [ファイル]から[Jw_cadの終了]をクリックします❶。

2 Jw_cadが終了しました。

Jw_cadの画面構成

起動したJw_cadの画面について解説します。

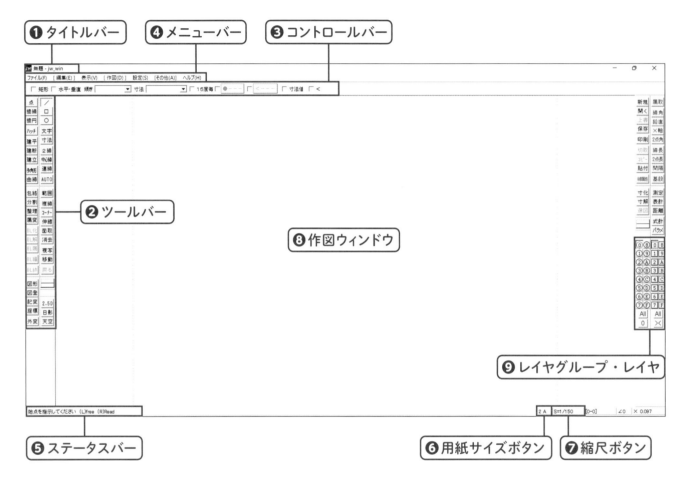

① タイトルバー
④ メニューバー
③ コントロールバー

② ツールバー

⑧ 作図ウィンドウ

⑨ レイヤグループ・レイヤ

⑤ ステータスバー
⑥ 用紙サイズボタン
⑦ 縮尺ボタン

① タイトルバー
　現在開いている図面のファイル名が表示されます。
② ツールバー
　各種コマンドボタンが振り分けられています。
③ コントロールバー
　各種コマンドのより詳細な設定を行うことができます。
④ メニューバー
　メニューの項目ごとに分類されたコマンドが収められています。
⑤ ステータスバー
　実行中の操作の状態や、次の操作の指示を確認できます。

⑥ 用紙サイズボタン
　図面の用紙サイズを設定・変更できます。
⑦ 縮尺ボタン
　図面の縮尺を設定・変更できます。
⑧ 作図ウィンドウ
　図形を描くための領域です。
⑨ レイヤグループ・レイヤ
　レイヤグループ(またはレイヤ)の表示や編集状態を切り替えます。

Jw_cadの基本操作

操作の状態を確認する

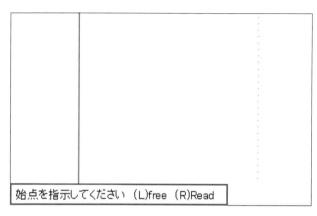

1 コマンド（ここでは［線］コマンド）をクリックします❶。

2 ステータスバーで、次の操作（ここでは「始点を指示してください」）が確認できます。

操作を戻す・やり直す

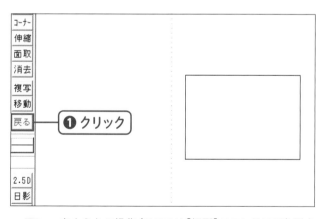

1 なんらかの操作（ここでは［矩形］コマンドで四角形を描く操作）を行った後、ツールバーの［戻る］ボタンをクリックします❶。

2 操作前の状態（ここでは［矩形］コマンドで四角形を描く前）に戻りました。

ファイルの扱い方

名前をつけて保存する

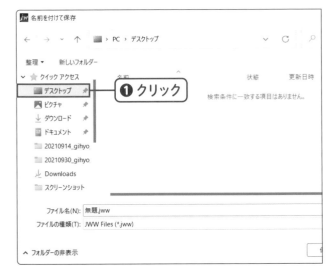

1 [ファイル]から[名前を付けて保存]をクリックします❶。

2 [名前を付けて保存]ダイアログボックスが表示されるので、保存先(ここではデスクトップ)をクリックします❶。

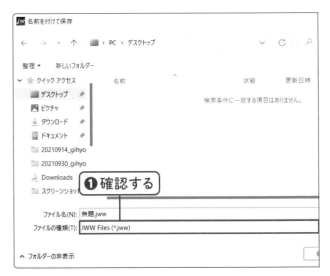

3 [ファイル名]に表示されている文字を削除し、任意の名前(ここでは「平面図.jww」)を入力します❶。

4 拡張子が[.jww]になっていることを確認します❶。

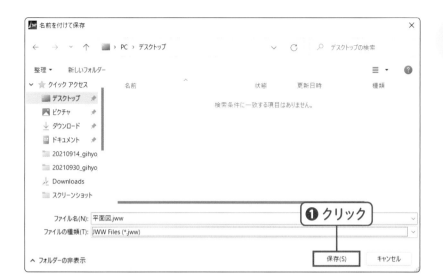

5 ［保存］をクリックします❶。

6 デスクトップに「平面図.jww」が保存されました。

練習ファイルについて

図形の拡大率

本書はよりわかりやすく学習できるように、状況に応じて画面を拡大・縮小し撮影を行っています。そのためお手元で操作する際、画面を拡大していない状態では本書の画像内の図形よりも小さく感じる場合があります。その場合は適宜、拡大・縮小を行ってください。画面の拡大・縮小について、詳しくは29ページで解説しています。

複数の図形

Lessonの中には、練習ファイルの中に複数の図形が収められている場合があります。その場合は各Lessonの手順解説に従って、指定された図形に対して操作を行ってください。

Chapter

1

基本操作を覚えよう

ここでは、図面を描く前に必要な基本設定を行います。はじめから適切な設定をしておくことで図面を描きやすくなり、作図のスピードもあがります。設定のほかにも、作図の際の画面の動かし方や用紙サイズ・縮尺の変更方法、レイヤの指定、図面の保存などについて学習します。

基本操作を覚えよう

この章のポイント

POINT

1 基本設定をしよう → P.22

図面を描く前に必要な基本設定をまとめて学びましょう。

POINT

2 画面を動かそう → P.28

作図の際は細かく画面を移動させながら描いていきます。ここでは、画面移動について学びましょう。

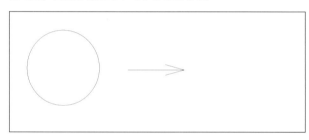

3 用紙サイズと縮尺を変更しよう → P.32

図面を描く上で欠かせない縮尺や用紙サイズについて理解し、変更できるようになりましょう。

縮尺・読取　設定

レイヤグループ縮尺一覧

[0] 1/150	[8] 1/150
[1] 1/150	[9] 1/150
[2] 1/150	[A] 1/150
[3] 1/150	[B] 1/150
[4] 1/150	[C] 1/150
[5] 1/150	[D] 1/150
[6] 1/150	[E] 1/150
[7] 1/150	[F] 1/150

☐ 全レイヤグループの縮尺変更
（編集可能レイヤグループのみ）　　キャンセル

縮尺　1 ／ 150　　OK

縮尺変更時
● 実寸固定　　○ 図寸固定
☐ 文字サイズ変更　☐ 点マーカサイズ変更

☑ 表示のみレイヤのデータを基準線等の場合は読取
☑ 表示のみレイヤの読取点を読み取る

4 レイヤを設定しよう → P.36

図形を編集しやすく整理する、レイヤ分けについて学びましょう。

レイヤ一覧　（[0] グループ）

☐ リスト表示

(0)	(1)	(2)	(3)
(4)	(5)	(6)	(7)
(8)	(9)	(A)	(B)

5 図面を保存しよう → P.40

図面の保存について学びましょう。

名前を付けて保存

デスクトップ

整理　新しいフォルダー

ダウンロード
ドキュメント
20210914_gihyo
20210930_gihyo
Downloads
スクリーンショット
デスクトップ
LAN DISK
OneDrive - 株式

PC
ライブラリ
ネットワーク
テストフォルダ

ファイル名(N): test
ファイルの種類(T): JWW Files (*.jww)

フォルダーの非表示　　保存(S)

テストフォルダ

新規作成　　並べ替え　表示

デスクトップ › テストフォルダ　　テストフォルダの検索

整理　選択したフォルダーをライブラリに追加する　アクセスを許可する　新しいフォルダー

クイック アクセス
デスクトップ
ピクチャ
ダウンロード
ドキュメント
20210914_gihyo
20210930_gihyo
Downloads
スクリーンショット
デスクトップ
LAN DISK
OneDrive - 株式

| 名前 | 状態 | 更新日時 | 種類 |
| test.jww | ✓ | 2023/01/30 12:27 | Jw_wi |

1 個の項目

Lesson 01

基本設定をしよう

図面を描く前に基本設定を行います。図面を描き込む用紙枠や背景を事前に整えておくことで、図面を描きやすくなるほか、スムーズに操作することができるようになります。

練習ファイル **なし**　　完成ファイル **なし**

● 設定画面を表示する

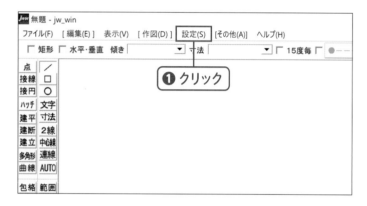

1 設定画面を開く

[設定] メニューをクリックします❶。

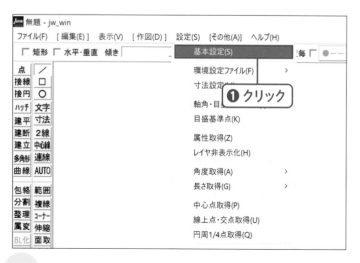

2 [基本設定] を選択する

[基本設定] をクリックします❶。

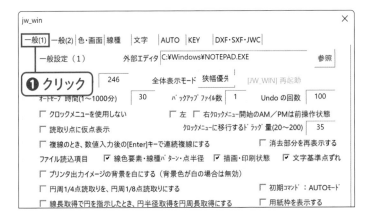

3 設定画面が表示された

設定画面が表示されました。この画面で基本設定を行います。

● 用紙枠と保存について設定する

1 [一般]設定を開く

[一般 (1)]をクリックします❶。

2 チェックを入れる

[用紙枠を表示する]、[ファイル選択にコモンダイアログを使用する]にチェックを入れます❶。

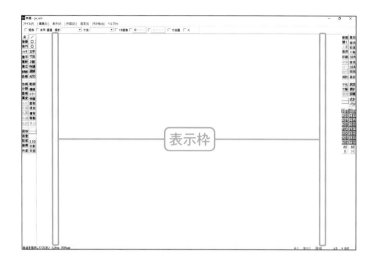

3 表示枠が設定できた

これにより、画面に画像のような表示枠（紫色の点線）が表示されます。この中に作図をしていきます。

● 画面の移動方法を設定する

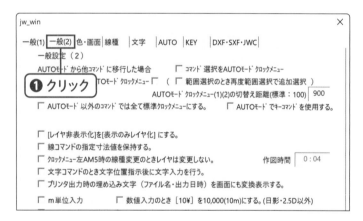

1 ［一般（2）］設定を開く

［一般（2）］をクリックします❶。

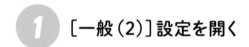

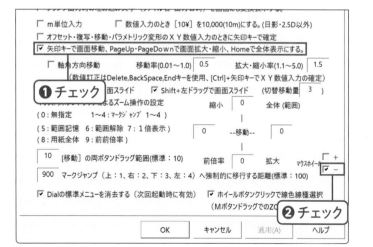

2 チェックを入れる

下記の項目にチェックを入れます❶❷。

矢印キーで画面移動、PageUp・PageDownで画面拡大・縮小、Homeで全体表示にする
マウスホイールの［－］

MEMO

チェックを入れることで、マウスホイールを奥に回転させると拡大、手前に回転させると縮小させることができるようになります。

● 背景色を白色に設定する

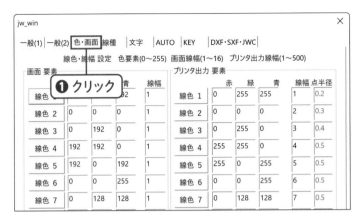

1 [色・画面]設定を開く

[色・画面]をクリックします❶。

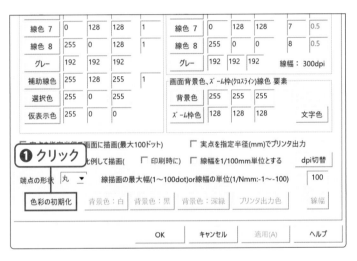

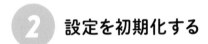

2 設定を初期化する

[色彩の初期化]をクリックします❶。これによって図面の背景色がリセットされ、新たに選択できるようになります。

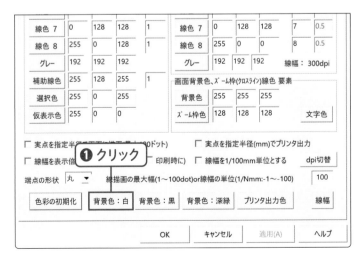

3 背景色を設定する

[背景色：白]をクリックします❶。

MEMO

今回は画面の見やすさを優先し、[背景色：白]を選択しました。普段は長時間画面を見ても疲れにくい、[背景色：黒]や[背景色：深緑]を選択することをおすすめします。

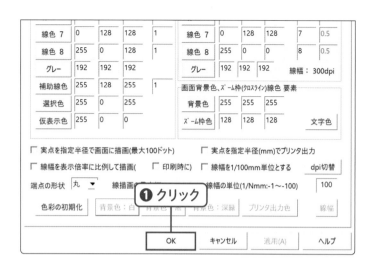

線色 7	0	128	128	1	線色 7	0	128	128	8	0.5
線色 8	255	0	128	1	線色 8	255	0	0	8	0.5
グレー	192	192	192		グレー	192	192	192		線幅：300dpi

補助線色 255 128 255 1

選択色 255 0 255

仮表示色 255 0 0

画面背景色、ズーム枠(クロスライン)線色 要素

背景色 255 255 255

ズーム枠色 128 128 128 文字色

☐ 実点を指定半径で画面に描画(最大100ドット)　　☐ 実点を指定半径(mm)でプリンタ出力

☐ 線幅を表示倍率に比例して描画(　　☐ 印刷時に)　☐ 線幅を1/100mm単位とする　　dpi切替

端点の形状 丸 ▼　　線描画（　　　　　　線幅の単位(1/Nmm:-1〜-100)　100

 ❶ クリック

色彩の初期化　背景色：白　背景色：黒　背景色：深緑　プリンタ出力色　線幅

OK　　キャンセル　　適用(A)　　ヘルプ

④ 設定画面を閉じる

［OK］をクリックし❶、設定画面を閉じます。

> **MEMO**
>
> ここでは図面を描くために最低限必要な設定に絞って解説しました。操作に慣れてきたら、自分にとってより描きやすい設定を探してみましょう。

CHECK

線種や文字の基本設定

今回紹介した設定以外に、線の種類や文字についても変更することができます。線については間隔なども細かく設定することができ、図面上の間隔とプリンタで印刷した際の間隔をそれぞれ設定することも可能です。

文字の設定では、文字サイズや間隔、色をそれぞれ変更することができます。今回は初期設定の状態から変更せずに進めていきますが、作図に慣れてきたら基本設定に戻って自分好みにカスタマイズするとよいでしょう。

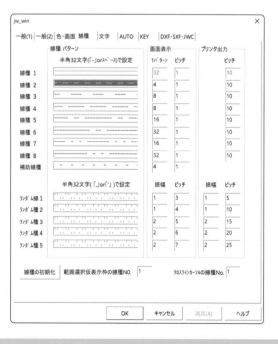

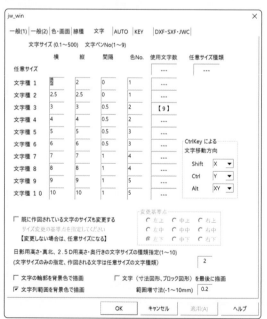

基本設定の保存

Jw_cadでは、ファイルの新規作成時に前回のファイルの設定が引き継がれません。そこで設定条件を保存しておくことで、新規に作成するファイルに同様の設定を引き継ぐことができます。以下の手順で保存しておきましょう。

❶ [設定] メニューをクリックし❶、[環境設定ファイル] にマウスポインタを合わせて、サブメニューの [書出し] をクリックします❷。

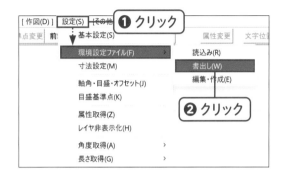

❷ [名前を付けて保存] ダイアログが表示されるので、保存したい場所をクリックし❶、今回保存する設定の名前を入力します❷。保存形式が「Jwf」に設定されていることを確認したら [保存] をクリックします❸。

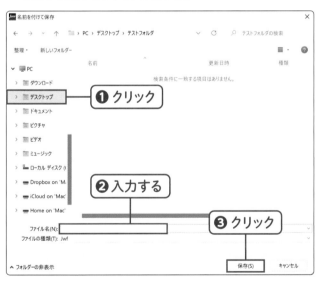

❸ 新しい図面に、先ほど保存した設定を読み込み (開き) ます。新しい図面を描く画面で、[設定] メニューをクリックし、[環境設定ファイル] にマウスポインタを合わせて、サブメニューの [読込み] をクリックします。[開く] ダイアログが表示されるので、保存した基本設定をクリックします❶。

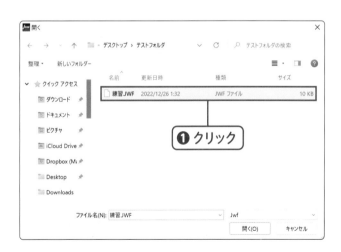

> **MEMO**
> 今回はデスクトップの [テストフォルダ] というフォルダに「練習」という名前で設定を保存します。

Lesson 02

画面を動かそう

Jw_cad はマウスやキーボード使って操作します。ここではマウス・キーボードそれぞれを用いた画面の
移動、拡大・縮小をひととおりできるようになりましょう。

練習ファイル 0102a.jww 完成ファイル なし

● マウスを使って画面を移動する

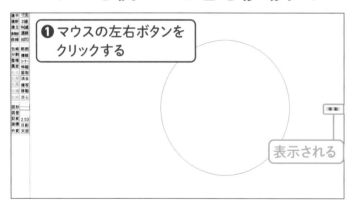

1 表示させたい部分で 左右ボタンをクリックする

画面の中心に表示させたい部分にカーソルを配置
し、マウスの左右ボタンを同時にクリックします
❶。 移 動 が表示されます。

2 画面が移動した

そのままマウスから指を離すと、先ほどクリックし
た部分が画面の中央になるように移動しました。

● マウスを使って画面を拡大・縮小する

❶ホイールを上に回す

❶ マウスホイールを回す

マウスホイールを上に回すと拡大、下に回すと縮小することができます。左の画像では画面の拡大を行います❶。

MEMO

マウスを回す向きは基本設定で変更できます。

画面が拡大した

❷ 画面が拡大した

画面を拡大することができました。

● マウスを使って図面全体を表示させる

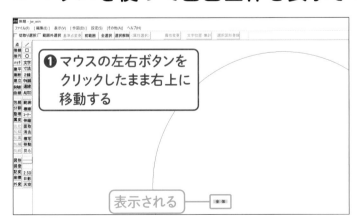

❶ マウスの左右ボタンを
クリックしたまま右上に
移動する

表示される   全 体

❶ 左右ボタンをクリックし右上に移動する

マウスの左右ボタンを同時にクリックしたまま、マウスを右上に移動すると❶、 全 体 が表示されます。

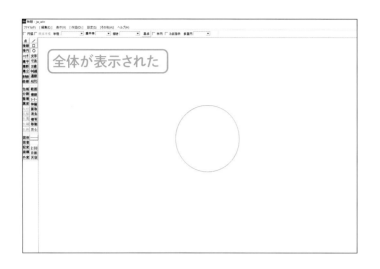

② 全体が表示された

そのままマウスから指を離すと図面全体が表示されます。

> **MEMO**
>
> 図面全体を表示させることで、移動・拡大・縮小した画面を元の位置に戻すことができます。作業の途中で図面の位置を見失った際に便利です。

● キーボードを使って画面を移動する

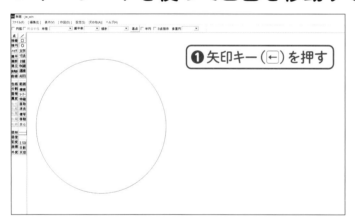

❶矢印キー（←）を押す

① 画面を移動する

キーボードの矢印キーを押すことで、矢印の方向に画面を移動させることができます。左の画像では矢印キー（←）を押すことで画面を左側に移動します❶。

② 画面が移動した

画面を左側に移動することができました。

● キーボードを使って画面を拡大・縮小する

❶ page up キーを押す

1 画面を拡大・縮小する

page up キーを押すと画面を拡大、page down キーを押すと画面を縮小することができます。左の画面では画面の拡大を行います❶。

画面が拡大した

2 画面が拡大した

画面を拡大することができました。

● キーボードを使って図面全体を表示させる

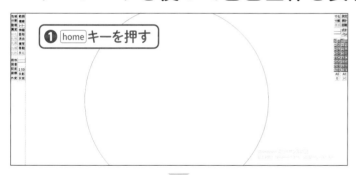

❶ home キーを押す

1 図面全体を表示させる

home キーを押すことで❶、図面全体が表示されます。

全体が表示された

2 全体が表示された

図面全体を表示することができました。

Lesson 03
用紙サイズと縮尺を変更しよう

図面を描く際には必ず、図面を表示させる用紙サイズと、作図したものの大きさを表す縮尺の設定を行います。印刷した時に図面が用紙内に収まるように設定しましょう。

練習ファイル なし　　完成ファイル なし

● 用紙サイズを設定する

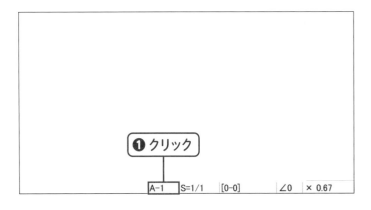

1 ステータスバーから用紙サイズをクリックする

画面右下にある A-1 をクリックします❶。

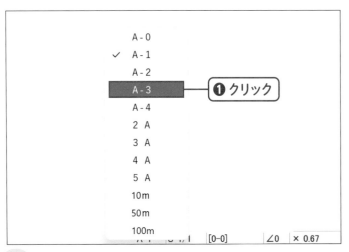

2 [A-3]を選択する

メニューが表示されるので、用紙サイズ[A-3]をクリックします❶。

● 縮尺を設定する

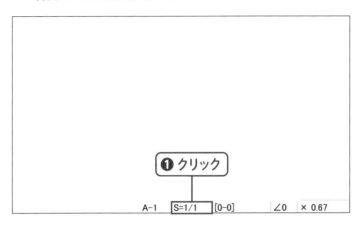

1 ステータスバーの縮尺をクリックする

画面右下にある S=1/1 をクリックします❶。

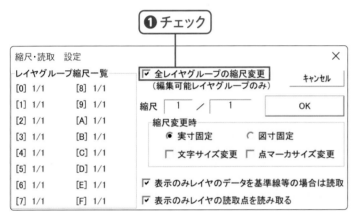

2 チェックを入れる

［縮尺・読取設定］が開くので、［全レイヤグループの縮尺変更］にチェックを入れます❶。

MEMO

チェックを入れることで、レイヤグループの縮尺がまとめて変更されます。各レイヤごとに縮尺を分けたい場合は、チェックを外します。本書ではチェックを入れた前提で解説します。

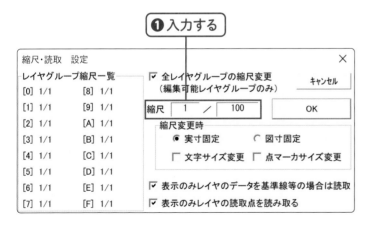

3 縮尺を入力する

縮尺を［1/100］と入力します❶。

MEMO

この時、［文字サイズ変更］にもチェックを入れた場合、文字の縮尺も併せて変更することができます。

縮尺・読取　設定

レイヤグループ縮尺一覧　　☑ 全レイヤグループの縮尺変更　　　　　✕
　　　　　　　　　　　　　　　（編集可能レイヤグループのみ）　キャンセル
[0] 1/1　　[8] 1/1
[1] 1/1　　[9] 1/1　　　縮尺　1　／　100　　　　　OK
[2] 1/1　　[A] 1/1　　　縮尺変更時
[3] 1/1　　[B] 1/1　　　　◉ 実寸固定　　　　○ 図寸固定
[4] 1/1　　[C] 1/1　　　　☐ 文字サイズ変更　☐ 点マーカサイズ変更
[5] 1/1　　[D] 1/1
[6] 1/1　　[E] 1/1　　☑ 表示のみレイヤのデータを基準線等の場合は読取
[7] 1/1　　[F] 1/1　　☑ 表示のみレイヤの読取点を読み取る

④ 縮尺が1/100に設定できた

[OK]をクリックし❶、設定を終了します。

CHECK

縮尺とは？

縮尺とは「実際の距離を、図面上に収まるように縮めて表した割合」のことです。たとえば高さ10mの建物があるとします。この建物を実際の大きさでA3やA4の図面上に描くことはできないため、図面用紙内に収まるように縮小して表すのです。

[例1]
　高さ10mの建物を縮尺1/100で表すと、高さが0.1mとなります。

　10.0 × 1 / 100 = 0.1m

　10mを0.1mで表すことによって、建物を1/100のサイズで作図することができます。

[例2]
　縦の長さが1,000mm、横の長さが1,500mmの窓があるとします。

　1/1の縮尺で描く場合はそのままのサイズですが、1/10の縮尺で用紙上に描くと縦の長さが100mm、横の長さが150mmとなります。

なお、縮尺はキリのよい数字で設定するようにしましょう。たとえば1/198のような縮尺は使わず、1/200を使用するようにします。

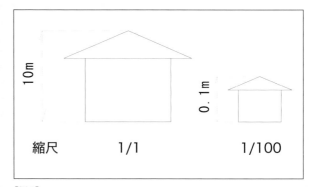

[例1]

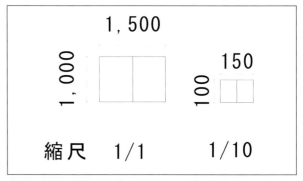

[例2]

実寸固定と図寸固定

Jw_cadでの寸法の設定には、実寸固定と図寸固定という2種類の考え方があります。実務では実寸固定を使う場合がほとんどですが、念のため、それぞれの特徴を理解しておきましょう。

実寸固定

構造物の実寸を変更せずに固定し、画面や紙など図面上の見かけのサイズのみを変える設定です。

図寸固定

画面や紙上の見かけの寸法を固定することによって構造物の寸法に差分が反映され、寸法が変わる設定です。

上記だけでは複雑で理解しづらいため、例を挙げて説明します。
たとえば、1/1の縮尺で100mの線を実寸とする場合だったとします。この線を1/100の縮尺で表すと1mになりますが、実寸固定の場合、元の100mの実寸が固定されます。これに対して図寸固定の場合は、元の実寸ではなく1/1から1/100の差分によって実寸が変更され、10000mで固定されます。

ややこしい概念のため、最初は戸惑うかもしれませんが、縮尺を変更すると構造物の寸法が変化してしまう図寸固定を使用する場面はほぼありません。基本的には縮尺を変更しても構造物の寸法が変化しない実寸固定を選択すれば問題ないのです。このような考え方があるということだけ理解しておきましょう。

Lesson 04

レイヤを設定しよう

Jw_cadには、複数の図形や線が重なるような作図でそれぞれを別の階層として保存することができるレイヤ機能があります。レイヤを分けることで、複雑な図面を綺麗に整理することができます。

練習ファイル　なし　　完成ファイル　なし

● レイヤとは?

図面は、1枚の紙(画面)の上に1つの図形を描いているわけではありません。実は、それぞれ異なるものを描き込んだ階層を何層にも重ねて、1つの図面に見せているのです。この階層のことを「レイヤ」と呼びます。レイヤには「レイヤ」と「レイヤグループ」があり、レイヤグループが本、レイヤが本の中にあるページのようなイメージです。各レイヤグループの中に16枚のレイヤが入っています。

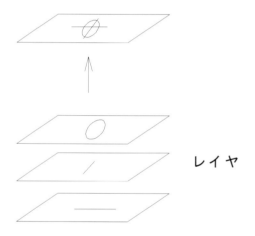

レイヤ

レイヤごとに表示条件を設定することもできます。たとえば画像のように、一部のレイヤだけ非表示にすることも可能です。

● レイヤの見かた

左側の2列①を「レイヤ」右側の2列を「レイヤグループ」と呼びます。レイヤグループの中のそれぞれの番号に0〜Fのレイヤが存在するイメージです。クリックでレイヤの表示を切り替えることができます。

同一のレイヤ内に複数のものを描き込むと、図面の中で基準となる線を誤って移動させてしまった場合などに大幅な修正が必要になる可能性があります。レイヤを分けて描くことで部分修正することができ安心です。また、補助線などを描く際にレイヤを分けておくと、図面完成後に非表示にすることもできます。

①	丸囲み数字	編集可能
②	数字	編集不可
③	空欄	非表示

MEMO

レイヤは透明な紙のようなイメージです。たとえばレイヤ1からレイヤ2に切り替えを行っても、レイヤ1で作図した図形は画面に残ったままです。

● レイヤの一覧を確認する

① レイヤをクリックする

赤枠で選択しているレイヤを右クリックします❶。今回は0のレイヤを右クリックします。

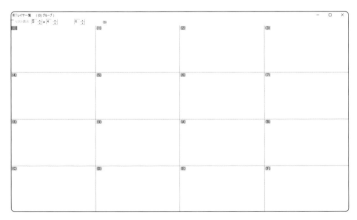

② 一覧が表示された

レイヤ一覧が表示されました。この画面で、設定されている各レイヤを確認することができます。

● レイヤ名を設定する

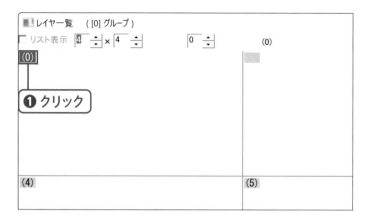

1 レイヤを選択する

名前をつけたいレイヤ（ここではレイヤ（0））をクリックします❶。

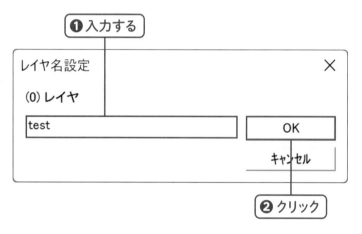

2 レイヤ名を変更する

［レイヤ名設定］が表示されるので、入力欄に「test」と入力し❶、［OK］をクリックします❷。

> **MEMO**
>
> レイヤ名には、誰が見ても内容がわかるような名前を設定しましょう。

3 レイヤ名を設定できた

レイヤ［0］の名前を「test」に設定できました。

レイヤを分けるメリット

レイヤを分ける理由は、端的に言うと「後から図面を修正するのが楽」だからです。たとえば、細かい作業が必要になるような複雑な図面をレイヤなしで作図した場合、修正したい部分でない箇所まで誤って動かしてしまうおそれがあります。その結果、修正の時間が余計にかかってしまったり、正確に作図していた部分にミスが生じてしまったりと、効率が落ちてしまいます。

レイヤ分けをきちんと行い図面を階層的に整理することで、修正したい部分のみ表示させたり、ほかの部分を動かすことなく一部のレイヤのみ削除できたりします。図面を描く際は、どの部分をいくつのレイヤに分けて作図するか、はじめに構想を練っておくようにしましょう。

ただし図面を描いていると、レイヤ分けをするのを忘れてしまうことが多々あります。たとえば机を描くのみのレイヤにしたいのに、レイヤの変更を忘れてそのまま椅子を描き加えてしまう場合などです。そういった際は、机と椅子を後から別のレイヤに分けることができます。レイヤを後から変更するには以下の手順で行います。

レイヤを後から変更する

① あらかじめ変更先のレイヤを選択しておきます❶。別のレイヤに設定したい図形を範囲選択し❷、コントロールバーの「属性変更」をクリックします❸。

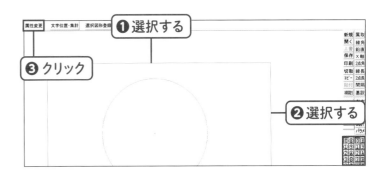

② メニューが開くので、［書込【レイヤ】に変更］にチェックを入れ❶、［OK］をクリックします❷。

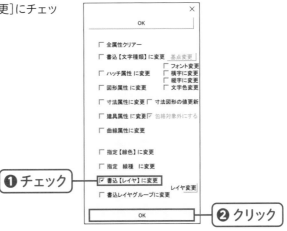

Lesson 05

図面を保存しよう

作図したデータが消えないように、図面の保存はこまめに行いましょう。ここではファイルを新しく保存する方法と、図面を上書き保存する方法を学びます。

練習ファイル **なし**　　　完成ファイル **なし**

● フォルダを新規作成する

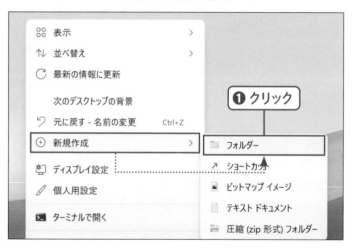

1 フォルダを作成する

ファイルを保存する場所を作成します。デスクトップで右クリックを押し、[新規作成]→[フォルダー]をクリックします❶。ここではフォルダ名を[テストフォルダ]にします。

MEMO

次の手順ではこの「テストフォルダ」にファイルを新規保存してみましょう。

● ファイルを新規保存する

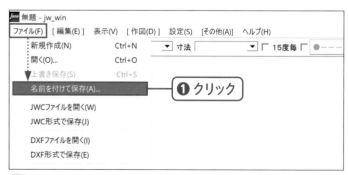

1 [名前を付けて保存]を選択する

[ファイル]メニュー→[名前を付けて保存]をクリックします❶。

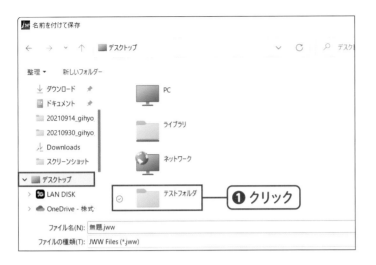

② 保存場所を選択する

保存したいフォルダ（ここではデスクトップ上に作成した［テストフォルダ］）をクリックします❶。

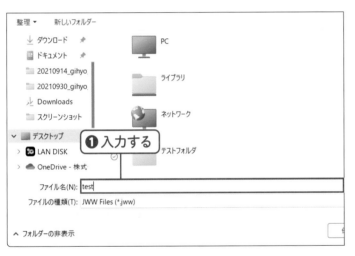

③ ファイル名を入力します

ファイル名を「test」と入力します❶。

④ 保存形式を選択する

［ファイルの種類］が［jww］になっているかどうかを確認します❶。

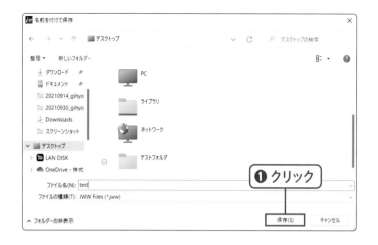

5 ファイルに名前を付ける

[保存]をクリックします❶。

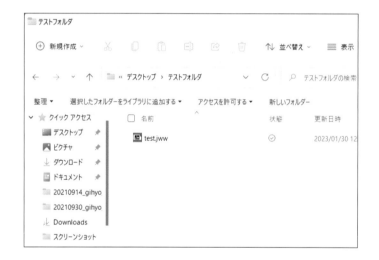

6 ファイルが保存できた

「test」という名前のファイルが新規で保存できました。

> **MEMO**
>
> 保存したファイルを開く際はまず、[ファイル]メニュー→[開く]をクリックします。その後保存したフォルダ（ここではデスクトップ上に作成した[テストフォルダ]）をクリックします。

● ファイルを上書き保存する

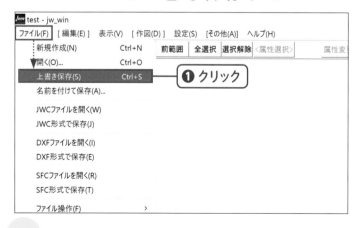

1 [上書き保存]を選択する

[ファイル]メニュー→[上書き保存]をクリックします❶。作図中のファイルを上書き保存することができます。

> **MEMO**
>
> Ctrl + S で上書き保存ができます。データを守るためにも、普段からこまめに上書き保存しておきましょう。

Chapter

2

線を描こう

ここでは、図面を描く上で必ず必要となる線の描き方を学びます。Jw_cadで描くことができる線にはさまざまな種類がありますが、本書ではもっとも基本的な直線を「長さや角度を指定して描く方法」、「2本同時に描く方法」に加え、線種や線色の変更方法などの応用を解説します。

線を描こう

この章のポイント

POINT

1 基本の線を描こう ➡ P.46

最も基本的な直線の描き方を学びます。

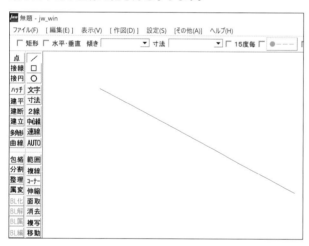

POINT

2 長さや角度を指定して 線を描こう ➡ P.48

線の長さ（寸法）や角度（傾き）を指定して描く方法を学びます。

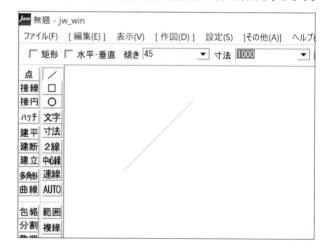

POINT

3 2本の線を同時に描こう ➡ P.50

1本の線を基準に、同じ線を同時に2本描く方法を学びます。

| 2線の間隔 | 50 , 50 | ▼ | 間隔反転 | 1/2 間隔 | 2倍間隔 |

点	／
接線	□
接円	○
ハッチ	文字
建平	寸法
建断	2線
建立	中心線
多角形	連線
曲線	AUTO
包絡	範囲
分割	複線
整理	コーナー
属変	伸縮

基準

POINT

4 中心線を描こう ➡ P.52

指定した2点（2線）を基準に、中心線を描く方法を学びます。

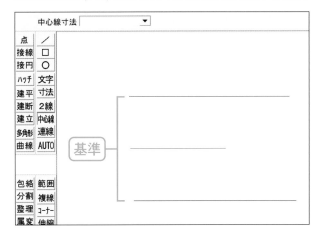

中心線寸法

基準

POINT

5 線の種類や色を指定して描こう ➡ P.54

線の種類（線種）や線の色（線色）の変更方法を学びます。

線属性

□ SXF対応拡張線色・線種

線 色 1	✓	実 線
線 色 2	✓	点 線 1
線 色 3		点 線 2
線 色 4		点 線 3
線 色 5		一点鎖 1
線 色 6		一点鎖 2
線 色 7		二点鎖 1
線 色 8		二点鎖 2
補助線色		補助線種

Ok

①〜⑤キー:ランダム線　⑥〜⑨キー:倍長線種

キャンセル

POINT

6 連続で線を描こう ➡ P.56

1度描きはじめた線を終えることなく、連続で描き続ける「連線」を学びます。同じ線を複数回描いてつなげるよりも効率的です。

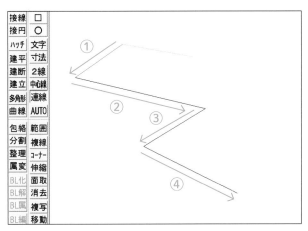

Lesson 01

基本の線を描こう

図面は線を組み合わせることによって完成します。ここでは、基本となるいくつかの線の描き方を学びましょう。

練習ファイル なし　　　完成ファイル 0201b.jww

● 線を描く

1 [線]コマンドを選択する

[線]コマンドをクリックします❶。

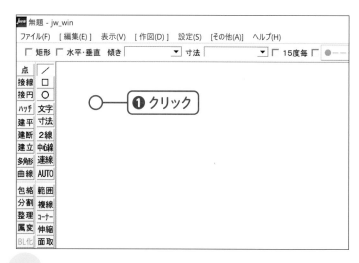

2 始点を選択する

線の始点をクリックします❶。

MEMO

クリック後は指を離してからマウスを移動してください。

46

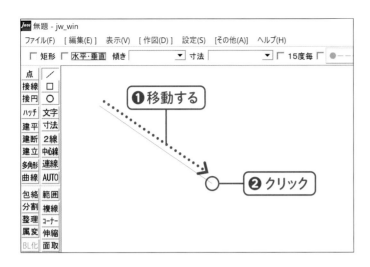

3 終点を選択する

マウスを任意の方向に移動し❶、線の終点をクリックします❷。これで線を描くことができました。

● 水平線を描く

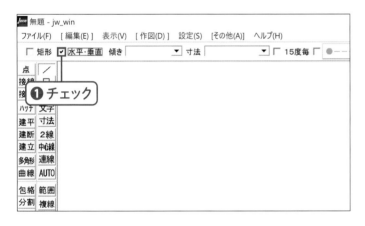

1 チェックを入れる

コントロールバーの[水平・垂直]にチェックを入れます❶。

2 水平線を描く

この状態で46ページの手順❷から47ページの手順❸の操作を行うと、線を水平に描くことができます。

MEMO

垂直線を描く場合は、同様にチェックを入れた状態でマウスを縦に移動します。

Lesson 02
長さや角度を指定して線を描こう

建築図面ではmm単位の設計を行います。より正確な図面を作成するために、長さや角度を設定して線を描けるようになりましょう。

練習ファイル　なし　　完成ファイル　0202b.jww

● 角度を指定する

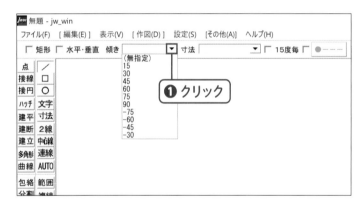

1 [傾き]の展開メニューを開く

[傾き]の ▼ をクリックします❶。

> MEMO
> [水平・垂直]のチェックを外した状態で操作してください。

2 [傾き]を[45]に設定する

[45]をクリックします❶。

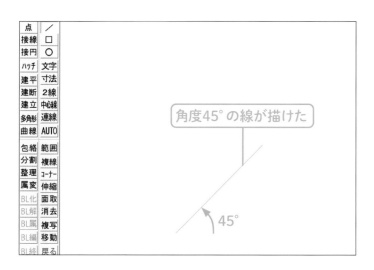

3 角度が45°の線が描ける

この状態で46ページの手順❷から47ページの手順❸の操作を行うと、線の角度が自動で45°毎に設定されます。

● 長さを指定する

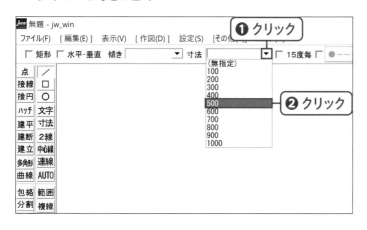

1 [寸法]の展開メニューを開く

[寸法]の ▼ をクリックし❶、[500]をクリックします❷。

2 長さが500mmの線が描ける

この状態で46ページの手順❷から47ページの手順❸の操作を行うと、線の長さが自動で500mmに設定されます。

MEMO

▼ を押しても選択したい角度・長さがない場合は、入力欄に任意の数値を直接入力することもできます。

Lesson 03

2本の線を同時に描こう

Jw_cadには、1本の線を基準として、同時に2本の線を描くことができる[2線]コマンドがあります。特に建築図面では頻繁に用いるコマンドであるため、しっかりと覚えておきましょう。

練習ファイル 0203a.jww　完成ファイル 0203b.jww

1 [2線]コマンドを選択する

ツールバーの[2線]コマンドをクリックします❶。

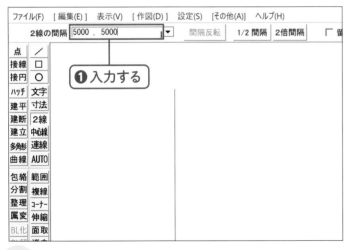

2 2線の間隔を選択する

[2線の間隔]に[5000, 5000]と入力します❶。

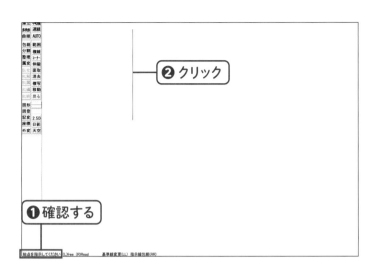

③ 基準線を選択する

ステータスバーに［基準点を指示してください］と表示されていることを確認し❶、これから描く2本の線の基準（中心）となる線をクリックします❷。

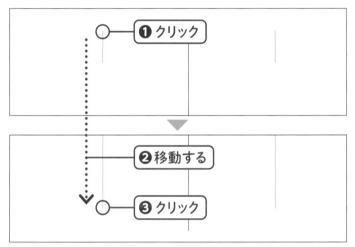

④ 2線の始点と終点を選択しよう

ステータスバーの表示が［始点を指示してください］に変わったことを確認し、始点をクリックします❶。次に、マウスを下方向に移動し❷、終点をクリックします❸。

⑤ 2本線が描けた

1本の線を軸に2本の線を描くことができました。

> **MEMO**
>
> 建築図面では、壁に厚みを持たせる際などに2線を用いることがよくあります。

Lesson 04

中心線を描こう

[中心線]コマンドを使うことで、2本の線を基準とし、その中間に線を描くことができます。

練習ファイル 0204a.jww　完成ファイル 0204b.jww

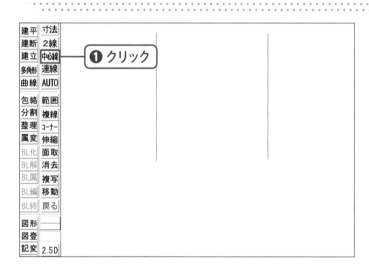

1 [中心線]コマンドを選択する

ツールバーの[中心線]コマンドをクリックします❶。

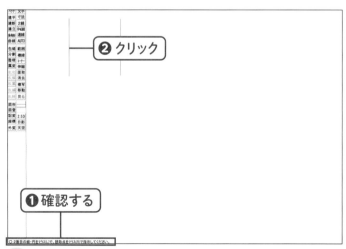

2 1本目の線を選択する

ステータスバーの表示が[1番目の線・円をマウス(L)で、読み取り線をマウス(R)で指示してください]に変わったことを確認し❶、基準にしたい1本目の線をクリックします❷。

52

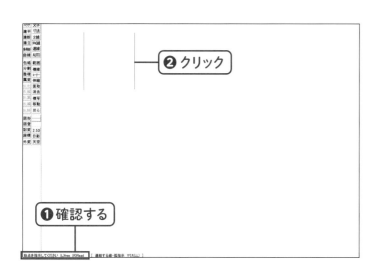

3 2本目の線を選択する

ステータスバーの表示が［2番目の線・円をマウス
（L）で、読み取り線をマウス（R）で指示してくだ
さい］に変わったことを確認し❶、基準にしたい2
本目の線をクリックします❷。

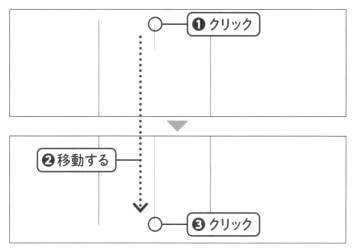

4 始点と終点を選択する

ステータスバーの表示が［始点を指示してくださ
い］に変わったことを確認し、始点をクリックしま
す❶。次に、マウスを下方向に移動し❷、終点を
クリックします❸。

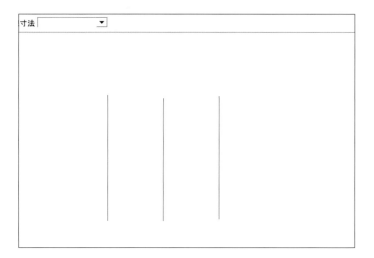

5 中心線が描けた

2本の線の中間に中心線を描くことができました。

Lesson 05
線の種類や色を
指定して描こう

図面は線の色や種類を変更することで、整理しながら描いていきます。ここでは線の種類（線種）と線の色
（線色）の変更方法を覚えましょう。

練習ファイル なし   完成ファイル 0205b.jww

1 [線属性]を選択する

ツールバーの［線属性］をクリックします❶。

2 選択画面が表示される

線属性を選択する画面が表示されます。左側の縦
1列で線色、右側の縦1列で線種を選択できます。

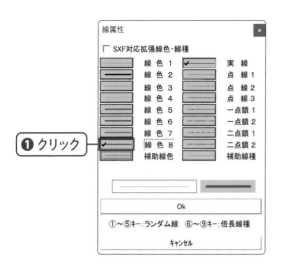

3 線色を選択する

[線色8]をクリックします❶。

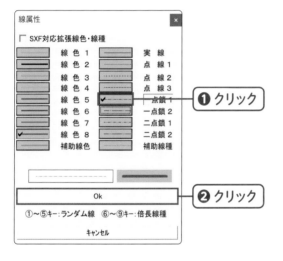

4 線種を選択する

[一点鎖1]をクリックし❶、[OK]をクリックします❷。

5 線を描く

この状態で[線]コマンドを使うと、赤色の一点鎖の線を描くことができます。

Lesson 06

連続で線を描こう

同じ線を連続で描いてつなげていくような場合は、［線］コマンドをくりかえすよりも、［連線］コマンドを使うほうが作業効率があがり便利です。

練習ファイル なし   完成ファイル 0206b.jww

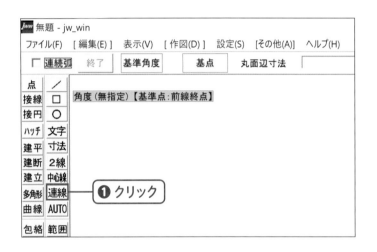

1 ［連線］コマンドを選択する

［連線］コマンドをクリックします❶。

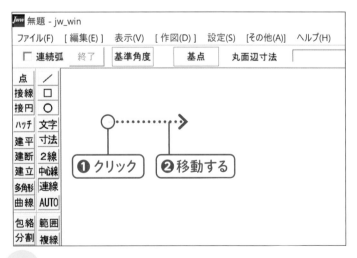

2 始点を選択する

始点をクリックし❶、任意の方向（画像では右方向）にマウスを移動します❷。

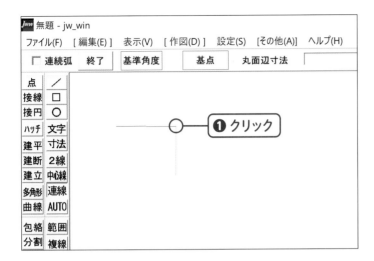

③ 終点を選択する

終点をクリックします❶。

Chapter 2 線を描こう

> **MEMO**
>
> ［線］コマンドの場合は、ここで線が終わりますが、［連線］コマンドでは終点が新たな線の始点となります。

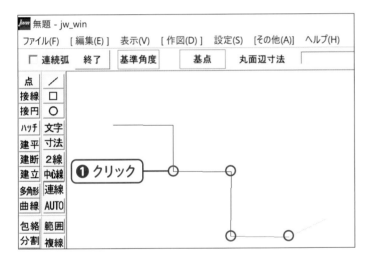

④ 次の終点を選択する

さらにマウスを移動し（画像では下方向）、終点をクリックします❶。くりかえすことで連続で線を描くことができます。

> **MEMO**
>
> 連線は、階段をなど連続で線を描いてつなげる必要のある図形を描く時に便利なコマンドです。

CHECK

点の使い方

Jw_cadの点には「実点」と「仮点」の2種類があります。これらの点を記入するためには「点」コマンドを用います。点は、図面を描く前に仮の基準を設ける時などに使用します。図面を描く前に基準点を設け、配置した点を結びながら図面を作成していくこともできます。

● 点コマンドの使い方

［点］コマンドを選択した状態で、マウスポインタの先端に点が表示された状態でクリックすると点を配置することができます。

実点	CAD上だけではなく実際に描かれる点であり、図面を印刷するとこの点も印刷される
仮点	CAD上には表示されるが、印刷されない

Jw_cadで使用できる線種

図面を描く際は線種を分けて描くことをおすすめします。たとえば補助線と実線を分けることで、構造物の外郭が一目でわかるようになり、見やすい図面を作ることができるのです。Jw_cadで使用できる線の種類を以下に紹介します。

下記の図面のように線種を使い分けることによって、見やすい図面を作ることができます。

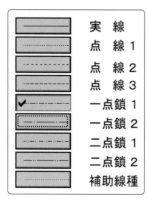

❶ 実線
壁や扉、窓など、実際に存在している構造物を描く際に用いられます。

❷ 補助線
図面の寸法を合わせて描くことができるようにする補助線を描くための線種です。以下の例では部屋にある壁の中心線を描いています。

❸ 点線
冷蔵庫や棚など、現状は存在しないが将来的に配置する可能性のあるものを描く際に用いることが多いです。

基準階平面図　S＝1／100

Chapter

3

図形を描こう

四角形や円、円弧や正多角形などの基本的な図形の描き方を学んでいきましょう。また、図形を色や斜線で塗りつぶすことによって図面をわかりやすく整理する「ハッチング」についても解説します。

図形を描こう

この章のポイント

POINT

1 四角形を描こう → P.62

[矩形]コマンドを使った四角形の描き方を学びます。辺の寸法を指定して描く方法も身につけましょう。

POINT

2 円を描こう → P.66

[円]コマンドを使った円の描き方を学びます。半径を指定して描く方法も身につけましょう。

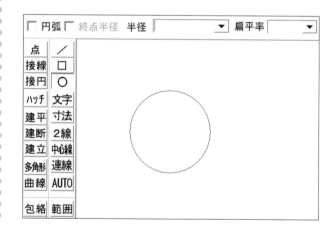

POINT

3 円弧を描こう → P.68

円弧の描き方を学びます。円弧はカーブのある建物など、複雑な図形を描く時に使用するほか、図形にちょっとした丸みをもたせたい時に有効な、使用頻度の高い図形です。

☑ 円弧 ☐ 終点半径	半径	▼	扁平率	▼

点	／
接線	□
接円	○
ハッチ	文字
建平	寸法
建断	2線
建立	中心線
多角形	連線
曲線	AUTO
包絡	範囲

POINT

4 正多角形を描こう → P.72

正多角形の描き方を学びます。ここでは正五角形を描きますが、角数の設定を変更するだけでさまざまな正多角形を作成することができます。

○ 2辺 ○ 中心→頂点指定 ○ 中心→辺指定 ● 辺寸法指定 寸法

点	／
接線	□
接円	○
ハッチ	文字
建平	寸法
建断	2線
建立	中心線
多角形	連線
曲線	AUTO
包絡	範囲

POINT

5 ハッチング（塗りつぶし）をしよう → P.76

図面を見やすく整理するために必要なハッチングを学びます。

実行	基点変	● 1線 ○ 2線 ○ 3線 ○ ─┼─ ○ 図形	角度	45

点	／
接線	□
接円	○
ハッチ	文字
建平	寸法
建断	2線
建立	中心線
多角形	連線
曲線	AUTO
包絡	範囲

実行	基点変	● 1線 ○ 2線 ○ 3線 ○ ─┼─ ○ 図形	角度	45

点	／
接線	□
接円	○
ハッチ	文字
建平	寸法
建断	2線
建立	中心線
多角形	連線
曲線	AUTO
包絡	範囲

Lesson 01

四角形を描こう

建築物の柱や窓などは、四角形を組み合わせて描くことがほとんどです。四角形を描くには［矩形（くけい）］コマンドを使用します。ここでは任意の寸法で四角形を作図する方法を学びましょう。

練習ファイル **なし**　　完成ファイル **0301b.jww**

● 四角形を描く

1 ［矩形］コマンドを選択する

ツールバーの［矩形］コマンドをクリックします❶。

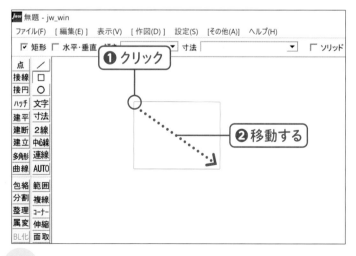

2 始点を選択する

始点をクリックし❶、マウスを右下に向かって移動します❷。

MEMO

マウスの移動はクリックを離した状態で行います。

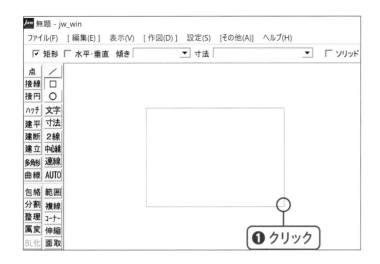

3 終点を選択する

任意の位置まで移動したら、終点をクリックします❶。

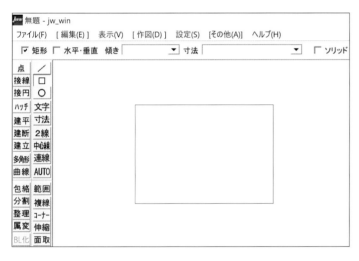

4 四角形が描けた

四角形を描くことができました。

● 寸法を指定して四角形を描く

1 [寸法]の展開メニューを開く

コントロールバーの[寸法]の▼をクリックします❶。

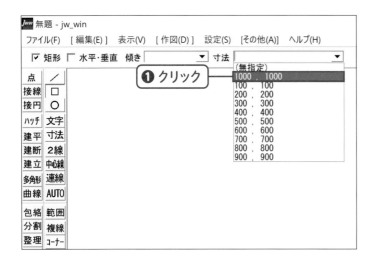

2 寸法を選択する

[1000, 1000] をクリックします❶。

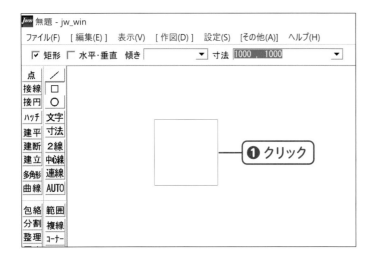

3 配置する位置を指定する

四角形を配置する際は、配置する箇所を2度クリックする必要があります。まず1度目はおおまかな位置を決め、クリックします❶。

MEMO

表示サイズが小さい場合は、画面を拡大してください。

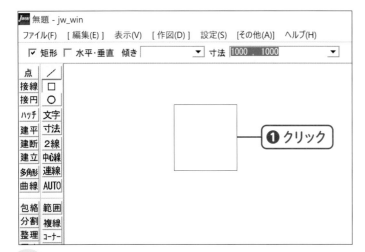

4 配置する位置を確定する

1度目にクリックした位置から上下左右斜め,真ん中の9方向に調整することができます。今回は右側に四角形を移動させ再度クリックし❶、位置を確定します。

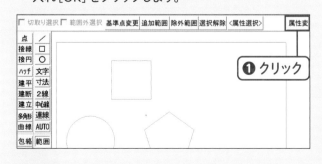

5 指定した寸法の四角形が描けた

縦1000mm,横1000mmの四角形を描くことができました。

CHECK

グループ化とは？

● グループ化の方法

Jw_cadには、いくつかの図形を1つのグループとしてまとめて扱うことができる機能があります。いくつもの部品で成り立っている機械をグループ化すると、部品1つひとつではなく、全体を1つのグループとしてまとめて移動したり削除したりすることができます。

❷ コントロールバーの［属性変更］をクリックします❶。メニューが開くので、［曲線属性に変更］にチェックを入れ［OK］をクリックします。

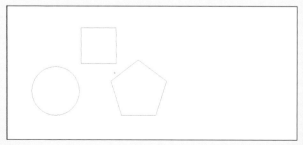

❶ グループ化したい図形をまとめて範囲選択します。

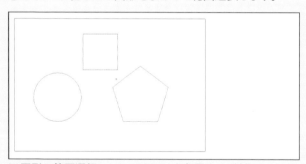

※図形の範囲選択についてはP.84を参照してください。

❸ 選択した図形が1つのグループになりました。

Lesson 02

円を描こう

円を描く時は［円］コマンドを使います。［円］コマンドは、［線］コマンドや［矩形］コマンドに並んで使用頻度の高いコマンドであるため、必ず覚えておきましょう。

練習ファイル　なし　　完成ファイル　0302b.jww

● 円を描く

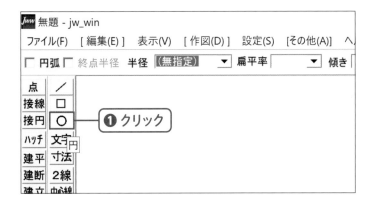

1 ［円］コマンドを選択する

ツールバーの［円］コマンドをクリックします❶。

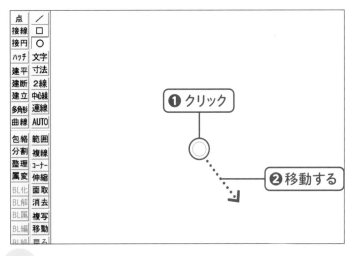

2 円の中心となる位置を指定する

円の中心位置をクリックし❶、マウスを円の外側に向かって移動します❷。

MEMO

マウスの移動はクリックを離した状態で行います。

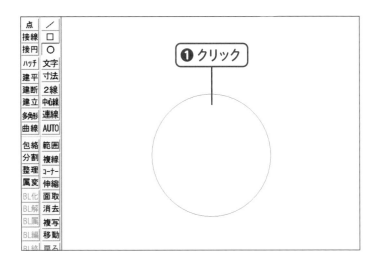

3 円の大きさを指定する

円が任意の大きさになったら、再度クリックします❶。

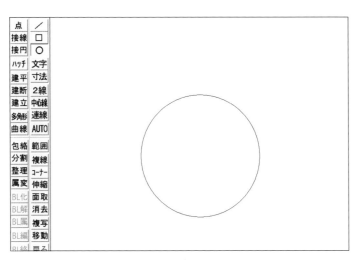

4 円が描けた

円を描くことができました。

CHECK

半径を指定して円を描く

[円] コマンドを選択した状態で、コントロールバーの [半径] から任意の半径を指定することで、お好みの寸法の円を描くこともできます。

コントロールバーの [半径] の ▼ をクリックし❶、任意の半径をクリックします❷。

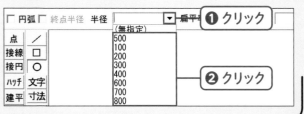

Lesson 03

円弧を描こう

円弧とは、円の一部分を表した図形です。円弧は曲線を含んだ複雑な図面を描いていく上で欠かせないもので、lesson2 の円と同じく [円] コマンドを使って描くことができます。

練習ファイル　なし　　完成ファイル　0303b.jww

● 円弧を描く

1 [円] コマンドを選択する

[円] コマンドをクリックします❶。

2 [円弧] にチェックを入れる

コントロールバーの [円弧] にチェックを入れます❶。

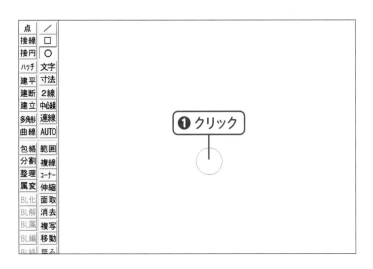

③ 円弧の中心となる位置を指定する

画面をクリックすると❶、赤色の円が表示されます。

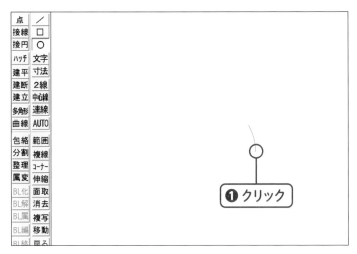

④ 円弧の始点を指定する

赤色の円が出た状態で、円弧の始点としたい任意の位置をクリックします❶。

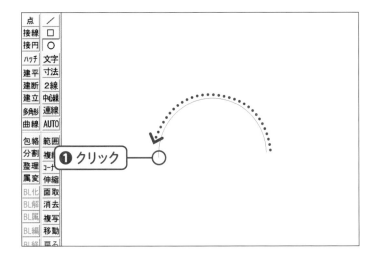

⑤ 円弧の終点を指定する

円弧の終点としたい任意の位置をクリックします❶。

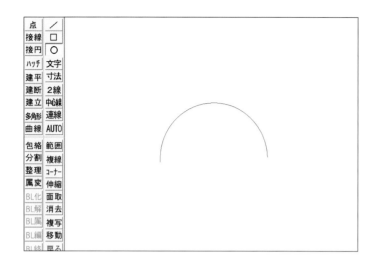

6 円弧が描けた

円弧を描くことができました。

● 半円を描く

1 半円を描いてみよう

[円]コマンドを選択した状態で、コントロールバーの半円にチェックを入れます❶。

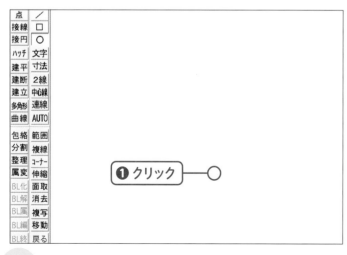

2 半円の開始位置を
指定する

1点目の位置をクリックします❶。ここで指定した位置を基点として半円が描かれます。

3 半円の終了位置を指定する

2点目の位置をクリックします❶。ここで指定した
位置を終点として半円が描かれます。

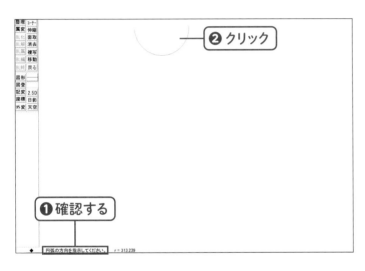

4 半円の向きを指定する

ステータスバーに［円弧の方向を指示してくださ
い］と表示されていることを確認し❶、マウスを上
下に動かすと、半円の向きが変わります。任意の
向きになった状態でクリックします❷。

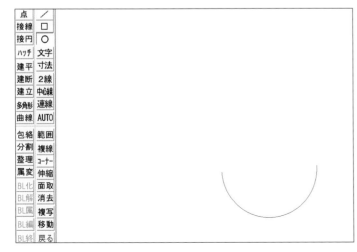

5 半円が描けた

半円を描くことができました。

Lesson 04

正多角形を描こう

四角形のほかに角数の多い図形を描きたい時があると思います。多角形を作図する際は、[多角形]コマンドを使用します。寸法や角数を指定するだけでかんたんに作図することができます。

練習ファイル なし　　完成ファイル 0304b.jww

1 [多角形]コマンドを選択する

ツールバーの[多角形]コマンドをクリックします❶。

❶ クリック

2 [辺寸法指定]にチェックを入れる

コントロールバーの[辺寸法指定]にチェックを入れます❶。

❶ チェック

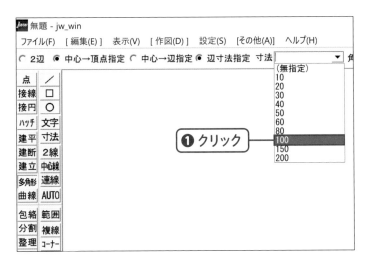

③ [寸法]の展開メニューを開く

コントロールバーの[寸法]の ▼ をクリックします❶。

④ 寸法を指定する

[100]をクリックします❶。これで多角形の1辺の長さが100mmになります。

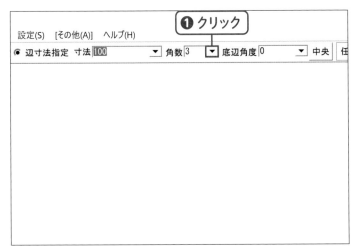

⑤ [角数]の展開メニューを開く

コントロールバーの[角数]の ▼ をクリックします❶。

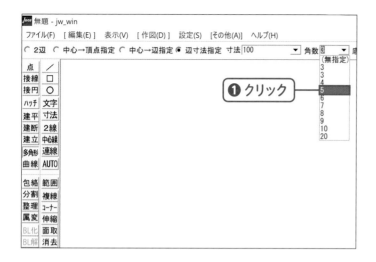

6 角数を指定する

[5]をクリックします❶。これで正五角形になります。

MEMO

あらかじめ[5]が選択されている場合は、そのまま進めてください。

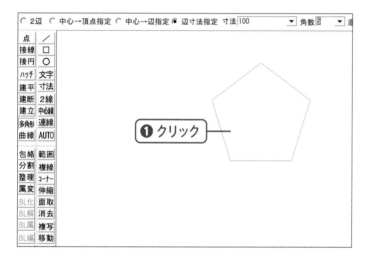

7 正五角形を配置する

配置したい場所をクリックします❶。

MEMO

表示サイズが小さい場合は、画面を拡大してください。

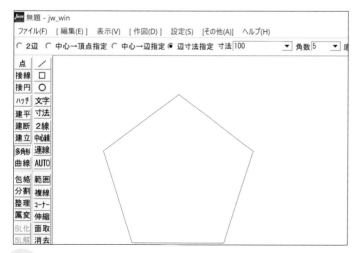

8 正五角形を描けた

1辺の長さが100mmの正五角形を描くことができました。

多角形の寸法指定

Lesson4では「辺寸法指定」という言葉が出てきましたが、これは辺の長さの指定方法の1つです。多角形を作図する際の寸法指定の方法は3つあり、指定方法によって完成する多角形の大きさが異なるため、あらかじめ注意が必要です。

3種類の寸法指定

指定方法	説明
辺寸法指定	辺の長さを指定する
頂点指定	多角形の中心から頂点までの距離を指定する
辺指定	多角形の中心からそれぞれの辺の垂線の長さを指定する

※ 垂線とは、ある直線・平面に
　直角に交わる直線のこと

多角形の塗りつぶし

[多角形]コマンドでは、以下の手順で図形を塗りつぶすことができます。

❶ 作図後、[多角形]コマンドを選択したままの状態で、画面
上側にあるコントロールバーの「任意」をクリックします❶。

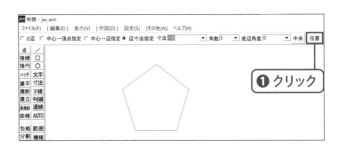

❷ コントロールバーの[ソリッド図形]にチェックを入れて❶、
続けて[円・連続線指示]をクリックします❷。

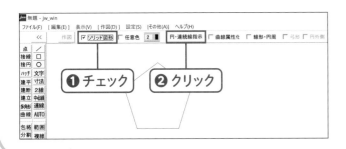

❸ [弓形]にチェックを入れて❶、あらかじめ作図しておいた多
角形のいずれかの辺をクリックすると❷、図形が塗りつぶ
されます。

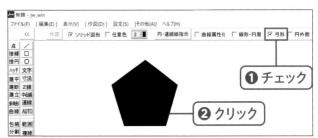

Lesson 05

ハッチング（塗りつぶし）を しよう

ハッチングとは、並行な線を複数描き入れることで図面の一部分を塗りつぶす手法です。家屋の断面図の壁の内側や床の高さの違いを表す際など、ほかの部分と区別したい箇所に使用します。

練習ファイル 0305a.jww 　 完成ファイル 0305b.jww

● ハッチの基本設定をする

1 ［ハッチ］コマンドを 選択する

ツールバーの［ハッチ］コマンドをクリックします❶。

2 チェックを入れる

コントロールバーの［1線］にチェックを入れます❶。

> **MEMO**
> あらかじめチェックが入っている場合はそのまま進めてください。

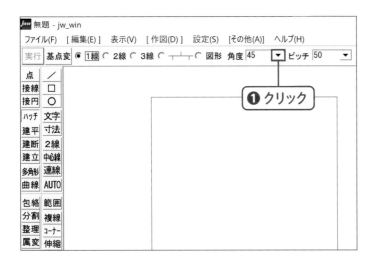

3 [角度]の展開メニューを開く

コントロールバーの[角度]の▼をクリックします❶。

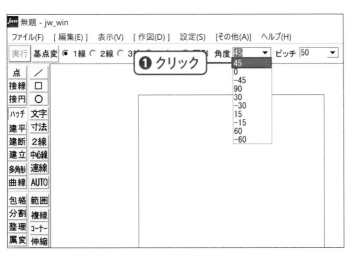

4 角度を45°に指定する

[45]をクリックします❶。

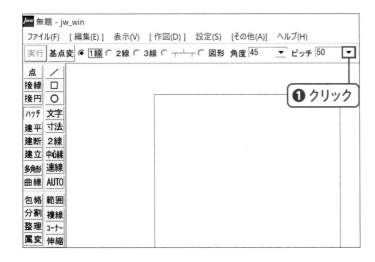

5 [ピッチ]の展開メニューを開く

コントロールバーの[ピッチ]の▼をクリックします❶。

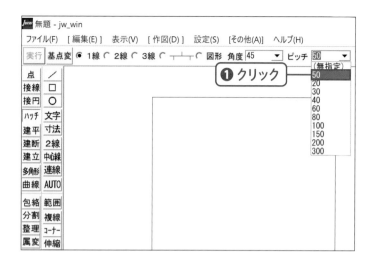

6 ピッチを50に指定する

[50]をクリックします❶。

> **MEMO**
> ピッチを変更することで、ハッチングする斜線の間隔が変わります。

● ハッチングする

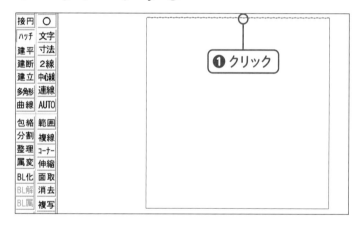

1 範囲の1辺を選択する

四角形の任意の1辺をクリックします❶。

> **MEMO**
> クリックすると、選択された辺が波線に変わります。

2 残りの範囲を選択する

残りの3辺を順番にクリックします❶。

> **MEMO**
> クリックすると、選択された辺の色が変わります。

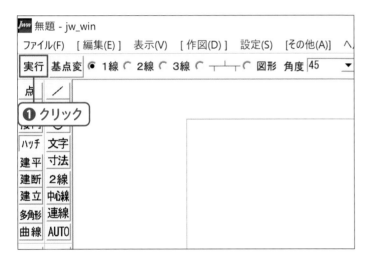

3 範囲の1辺を再度選択する

最初に選択した1辺を再びクリックします❶。

4 [実行]をクリックする

コントロールバーの [実行] をクリックします❶。

5 ハッチングできた

ハッチングをすることができました。

ハッチング

一部が欠けた図形のハッチング

以下のような図形をハッチングしたい場合も、手順は同様です。

① [ハッチ] コマンドを選択して右側の辺をクリックすると、波線が表示されます。

② そのほかの辺を順番にクリックしていきます❶❷❸。

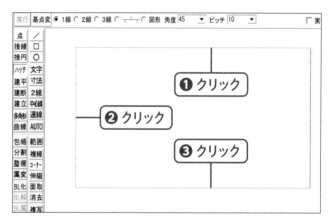

③ 一巡したら、最初にクリックした辺を再度クリックし❶、[実行] をクリックします❷。

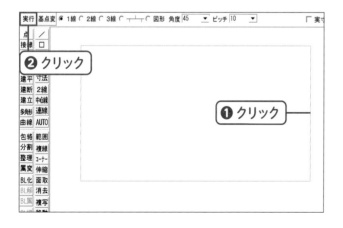

④ ハッチングすることができました。

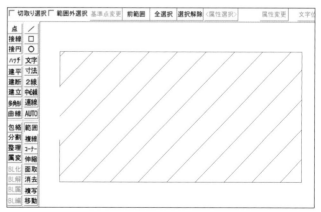

Chapter

4

図形を編集しよう

作成した図形を編集する方法を学びます。選択から移動・回転・反転・複写・消去・一部の伸び縮みなど、さまざまな方法で図形を扱えるようになりましょう。図形の角の処理方法や、不要な線の効率的な消去方法など発展的な内容も学びます。

図形を編集しよう

この章のポイント

POINT

1 図形を選択しよう ➡ P.84

図形を範囲選択する方法を学びます。

POINT

3 図形を複写しよう ➡ P.92

描いた図形を複写する方法を学びます。同じ図形を何度も
描き直すよりも効率よく作業を進めることができます。

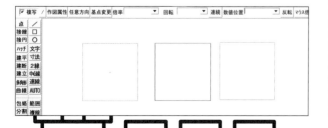

POINT

2 図形を移動・回転・反転させよう ➡ P.86

意図した場所に図形を配置するための、移動・回転・反転
の方法を学びましょう。

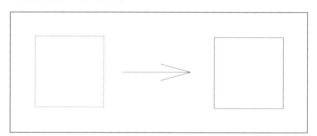

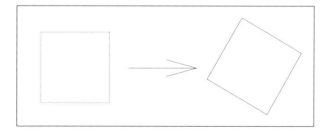

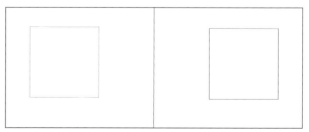

POINT 4 線や図形を消去しよう ➡ P.94

図形を修正する際などに、全体・一部を消去する方法を学びます。

POINT 5 線を伸ばそう ➡ P.100

線を任意の箇所に向かって伸び縮みさせる方法を学びます。

POINT 6 図形の角を処理しよう ➡ P.104

図形の角を処理するコーナー処理や、角に面を作り丸みを持たせる面取りを学びます。

POINT 7 図形を包絡しよう ➡ P.108

複雑に交わる不要な線を一度に消去する包絡を学びます。

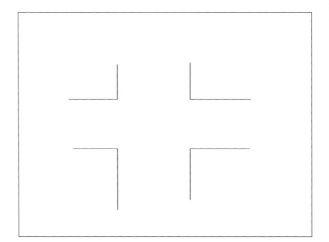

Lesson 01

図形を選択しよう

図形を編集する際は、まず [範囲選択] コマンドを使って図形のある範囲を選択してから、ほかのコマンド
を適用するのが基本となります。ここでは、図形を編集する前に範囲選択する方法を学びましょう。

練習ファイル 0401a.jww 完成ファイル なし

● 図形の範囲を選択する

1 [範囲選択] コマンドを 選択する

ツールバーの [範囲選択] コマンドをクリックします❶。

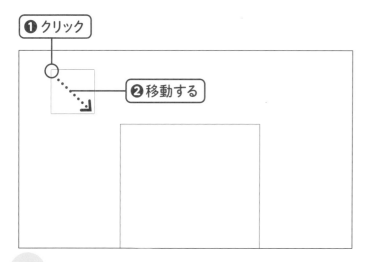

2 始点を選択する

始点をクリックし❶、赤枠が図形を囲むようにマ
ウスを移動します❷。

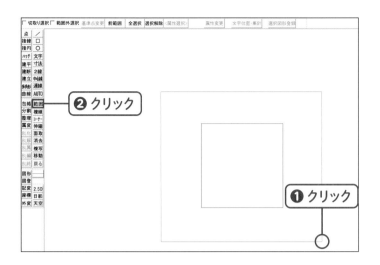

③ 終点を選択する

図形を囲むことができたら、終点をクリックします❶。これで図形を選択することができました。ここでは [範囲選択] コマンドを再びクリックして❷、選択を解除します。

> **MEMO**
>
> 終点を指定する際に、クリックまたは右クリックを2回押すと、選択範囲からはみ出した図形もまとめて選択できます。

● 直前に選択した範囲を再選択する

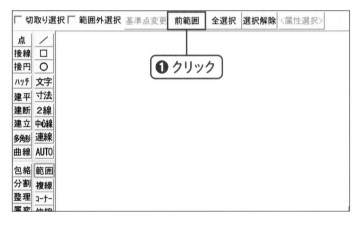

① [前範囲]をクリックする

[範囲選択]コマンドを選択した状態で、コントロールバーの [前範囲] をクリックします❶。

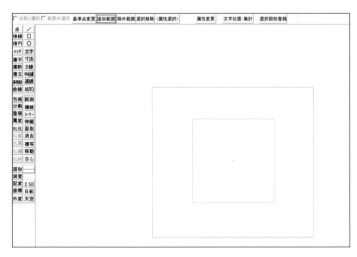

② 同じ範囲を再び選択できた

1つ前（84ページ手順❶から85ページ手順❸）に選択した範囲を再選択できました。ほかのコマンドを実行した後、同じ範囲を再び選択したい場合に便利です。

Lesson 02
図形を移動・回転・反転させよう

図形を移動・回転・反転させる操作を学ぶことで、作成した図形を自由に移動させることができるようになります。ここでは、図形のさまざまな配置方法を学びましょう。

練習ファイル 0402a.jww　完成ファイル 0402b.jww

● 図形を移動する

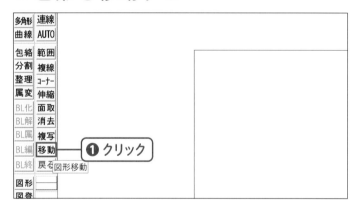

1 [移動]コマンドを選択する

ツールバーの［移動］コマンドをクリックします❶。

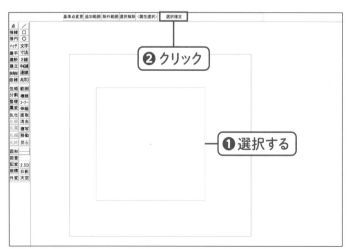

2 図形を選択する

図形を範囲選択し❶、コントロールバーの［選択確定］をクリックします❷。

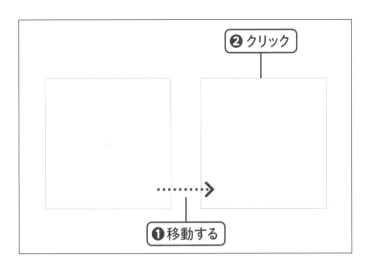

③ 移動先を選択する

図形を移動できるようになりました。配置したい
場所まで画像を移動し❶、クリックします❷。

④ 図形を移動できた

図形を移動させることができました。

● 移動時の基点を変更する

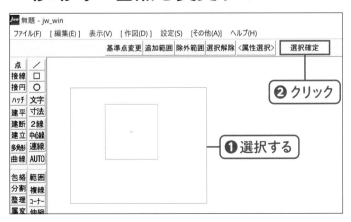

① 基点変更を選択する

[移動]コマンドで図形を選択し❶、コントロール
バーの[選択確定]をクリックします❷

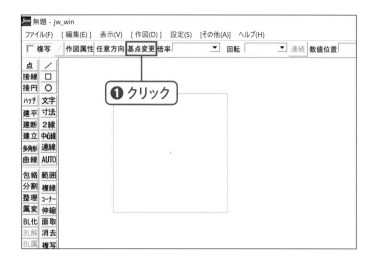

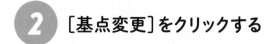

2 [基点変更]をクリックする

コントロールバーの[基点変更]をクリックします
❶。

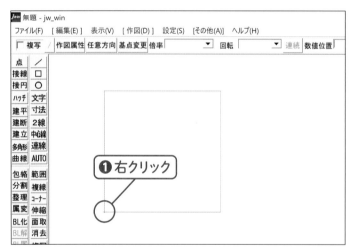

3 基点を選択する

基点としたい箇所を右クリックします❶。

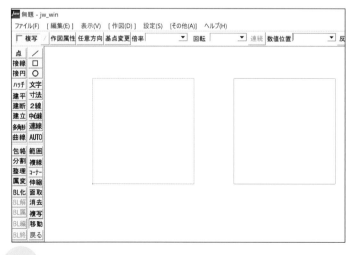

4 基点を変更できた

こうすることで、任意の基準で図形を移動させる
ことができるようになります。図形の角と角を重ね
て配置したい時などに便利です。

```
MEMO
```
図形を移動・複写させる際に、配置したい箇所を基準点
とすることで、基点と配置したい点を重ねて配置すること
ができます。

● 図形を反転する

1 図形を選択する

[移動] コマンドをで範囲選択した後、コントロールバーの [反転] をクリックします❶。

2 基準線を選択する

基準線をクリックします❶。

3 図形が反転した

手順❷で選択した線を基準に図形が反転しました。

● 図形の倍率を変更する

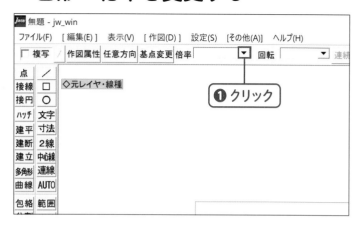

❶ クリック

1 [倍率]の展開メニューを開く

[移動]コマンドで範囲選択した後、コントロールバーの[倍率]の▼をクリックし❶、[2, 2]をクリックします。

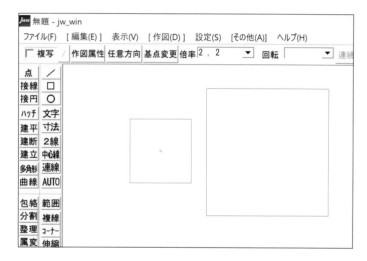

2 図形の位置を決定する

この状態で図形を配置すると、2倍率の図形が配置されます。

MEMO

配置する図形が想定していたサイズと異なり、何倍か拡大縮小したい場合などに便利です。

CHECK

任意方向に移動させる

[移動]コマンドで図形を選択後、コントロールバーの[任意方向]をクリックすることで、図形をx方向・y方向に向かって水平・垂直に移動させることができます。図面を描く際は水平に図形を移動・複写させる場面が多いため、覚えておくと便利です。

任意方向の3種類のコマンド

X方向	X軸方向（横方向）に水平に移動する
Y方向	Y軸方向（縦方向）に水平に移動する
XY方向	X軸・Y軸（縦方向・横方向）に水平に移動する

[任意方向]をクリックするたびに[X方向][Y方向][XY方向]などにボタンが切り替わるので、任意の方向で移動します。

● 図形を回転する

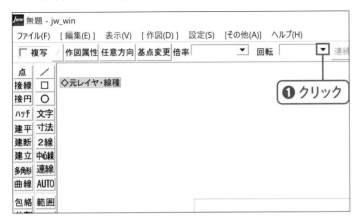

1 [回転]の展開メニューを開く

[移動]コマンドで範囲選択した後、コントロールバーの[回転]の▼をクリックします❶。

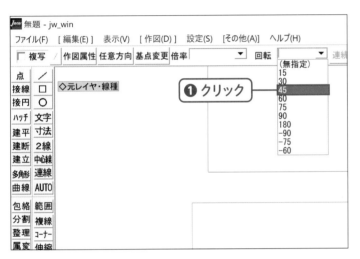

2 回転角度を45°に設定する

[45]をクリックします❶。

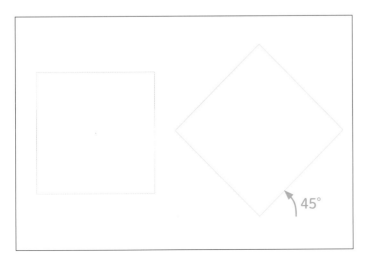

3 図形の位置を決める

この状態で図形を移動すると、45°傾いた状態で配置することができます。

Lesson 03

図形を複写しよう

同じ図形を複数配置する場合は、1つひとつ描くのではなく、はじめに描いた図形を複写するほうがかんたんです。ここでは図形を複写する方法を学びましょう。

練習ファイル 0403a.jww　完成ファイル 0403b.jww

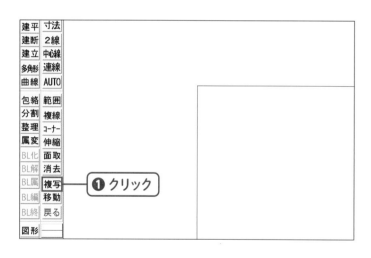

1 [複写]コマンドを選択する

ツールバーから[複写]コマンドをクリックします❶。

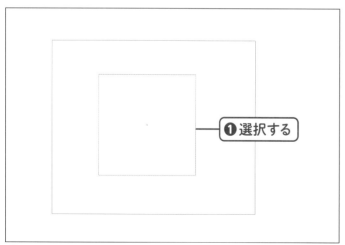

2 図形を選択する

複写したい図形を選択します❶。

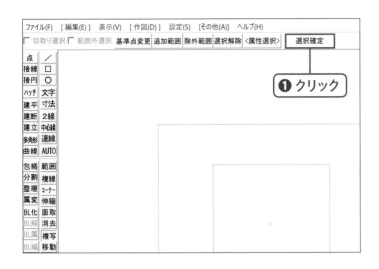

3 選択を確定する

コントロールバーの[選択確定]をクリックします
❶。

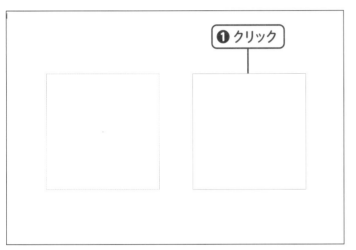

4 複写する位置を選択する

複写したい位置をクリックします❶。

5 図形を複写できた

図形を複写することができました。

Lesson 04

線や図形を消去しよう

線や図形を描き間違えた場合は、[消去]コマンドを使うことで指定した部分を消去することができます。
ここでは複数の図形を使って、さまざまな消去方法を学びましょう。

練習ファイル 0404a.jww　完成ファイル 0404b.jww

● 図形を消去する

1 [消去]コマンドを選択する

練習ファイル内、図形Aを操作します。ツールバーの[消去]コマンドをクリックします❶。

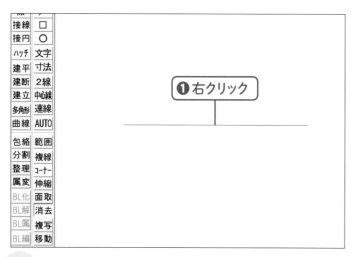

2 消去する図形を選択する

消去したい線を右クリックします❶。

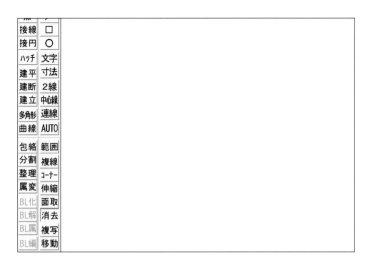

3 図形を消去できた

線を消去することができました。

● 一部分を消去する

❶クリック

1 消去したい線を選択する

練習ファイル内、図形Bを操作します。［消去］コマンドを選択した状態で、消去する線をクリックします❶。

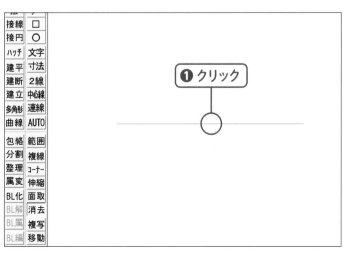

❶クリック

2 始点を選択する

線が選択色に変わったら、消去したい部分の始点をクリックします❶。

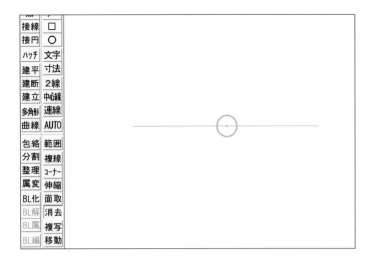

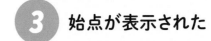

3 始点が表示された

クリックした部分に始点が表示されました。

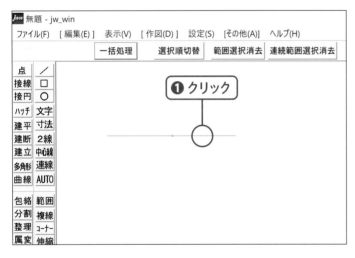

4 終点を選択する

終点をクリックします❶。

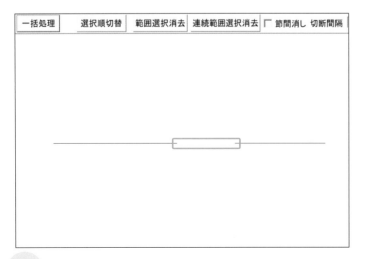

5 一部分を消去できた

選択された部分のみが消去されました。

● 範囲選択して消去する

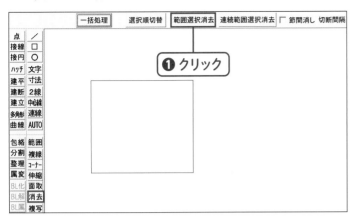

1 [範囲選択消去]を選択する

練習ファイル内、図形Cを操作します。[消去]コマンドを選択した状態で、コントロールバーの[範囲選択消去]をクリックします❶。

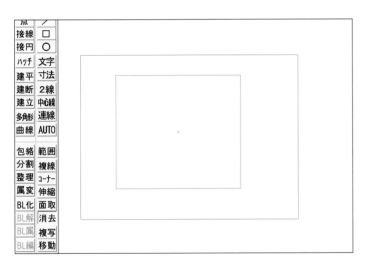

2 消去する範囲を選択しよう

消去したい図形を範囲選択します。

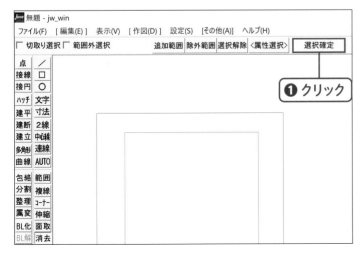

3 選択を確定する

コントロールバーの[選択確定]をクリックします❶。

4 消去できた

選択した範囲にある図形を消去することができました。

MEMO

複数の図形をまとめて消去したい場合などに便利です。

● 節間消しをする

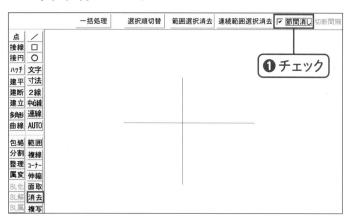

❶ チェック

1 [節間消し]にチェックを入れる

練習ファイル内、図形Dを操作します。[消去]コマンドを選択した状態で、コントロールバーの[節間消し]にチェックを入れます❶。

MEMO

節間消しとは、クリックした点からほかの図形との交点までを部分的に消去する手法です。

2 図形を選択する

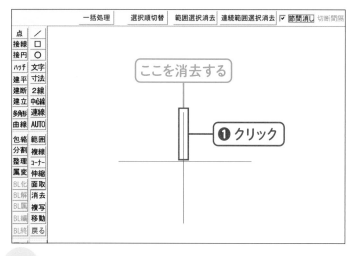

ここを消去する

❶ クリック

画像のここを消去します。部分的に消去したい図形をクリックします❶。

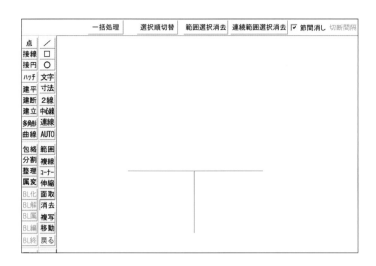

点	／
接線	□
接円	○
ハッチ	文字
建平	寸法
建断	2線
建立	中心線
多角形	連線
曲線	AUTO
包絡	範囲
分割	複線
整理	コーナー
属変	伸縮
BL化	面取
BL解	消去
BL属	複写
BL編	移動
BL終	戻る

一括処理　選択順切替　範囲選択消去　連続範囲選択消去　☑ 節間消し 切断間隔

3 節間消しができた

クリックした点からほかの図形との交点までが部分的に消去されました。

MEMO

交点がない場合は端点まで消去され、交点が1つもない場合はその図形がすべて消去されます。

Chapter 4

図形を編集しよう

── CHECK ──

効率的な消去方法

図面内での消去にはさまざまな方法がありますが、著者の個人的な意見としては、クロックメニューを用いた消去が最も早いといえます。クロックメニューとはコマンドを素早く選択することができる機能です。図形を選択し消去する場合は、以下の手順で行います。

❶ クリックを長押ししながら円を描くようにマウスを移動させ、4時の方向に合わせます。[範囲選択]と表示されたらクリックを離します。

❷ 消去したい図形を範囲選択します。

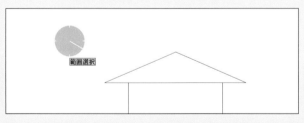

❸ クリックを長押ししながら円を描くようにマウスを移動させ、10時の方向の[消去]で離します。

❹ 選択した図形を消去できました。

Lesson 05

線を伸ばそう

線の長さが少しだけ足りない時は、元からある線を伸ばすことができます。ここでは、基準線に向かって線を伸ばしたり、基準線から線を突出させる方法を学びましょう。

練習ファイル 0405a.jww　完成ファイル 0405b.jww

● 線を基準線まで伸ばす

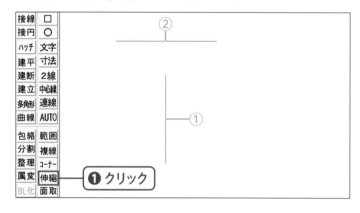

1 ［伸縮］コマンドを選択する

ツールバーの［伸縮］コマンドをクリックします❶。今回は①の線を②の線まで伸ばします。

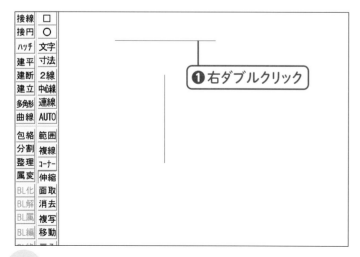

2 基準線を選択する

伸縮の基準とする②の線を右ダブルクリックします❶。

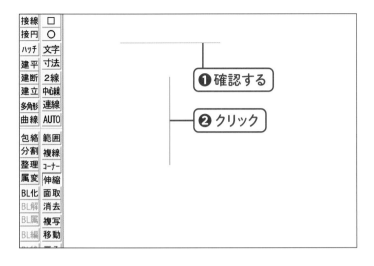

3 伸ばしたい線を選択する

伸縮の基準となる②の線が選択色に変わったことを確認し❶、伸ばしたい①の線をクリックします❷。

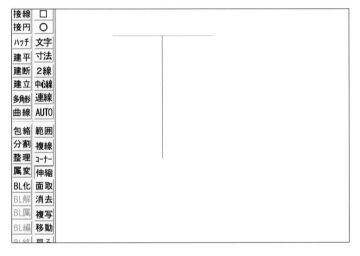

4 線が伸びた

指定した①の線が基準線とした②の線まで伸びました。

● 線を基準線から突出させる

1 [突出寸法]の展開メニューを開く

[伸縮]コマンドを選択した状態で、コントロールバーの[突出寸法]の▼をクリックします❶。

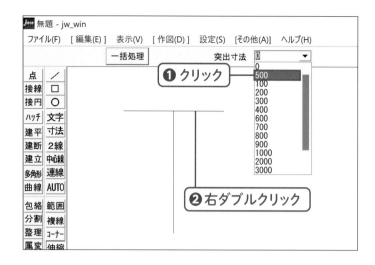

2 [突出寸法]を選択する

[突出寸法]の[500]をクリックし❶、伸縮の基準となる線を右ダブルクリックします❷。

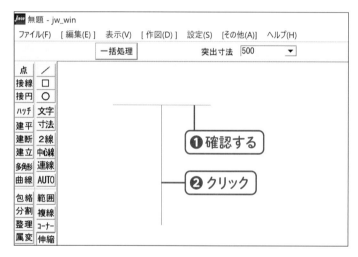

3 突出させたい線を選択する

伸縮の基準となる線が選択色に変わったことを確認し❶、突出させたい線をクリックします❷。

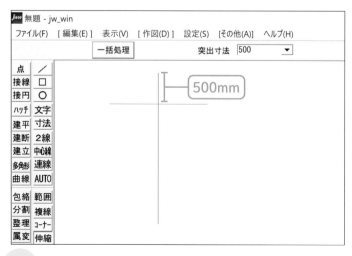

4 線が基準線を突出した

基準線から500mm突出しました。

一括処理

[伸縮] コマンドでは一括処理を行うことができます。1つひとつ操作してもよいのですが、一括で処理するほうが作業効率があがります。操作は以下のとおりです。

① [伸縮] コマンドをクリックし❶、コントロールバーの [一括処理] をクリックします❷。次に基準線をクリックします❸。

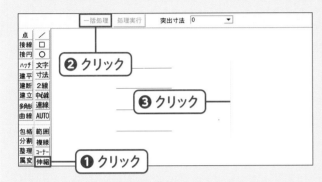

② 伸縮させる線の中で一番端の線をクリックすると❶、指定した位置からマウスポインタまで点線が伸びます。この点線と交わった線がすべて伸縮します。

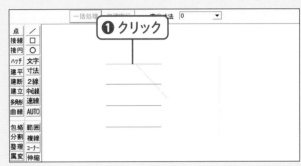

③ 先ほど指定した線と反対側にある一番端の線をクリックします❶。伸縮する線がすべて選択色に変わったら、コントロールバーの [処理実行] ボタンをクリックします❷。

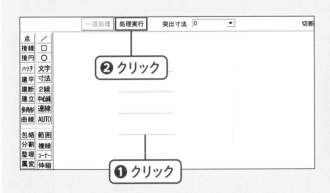

④ 選択した線が基準線まで伸縮しました。

Chapter 4

図形を編集しよう

Lesson 06

図形の角を処理しよう

ここでは、図形の角の処理を学びます。交わった線と線の不要な部分を消去し交点が角になるようにするコーナー処理のほか、交点に面を作る面取りの操作を覚えましょう。

練習ファイル 0406a.jww　完成ファイル 0406b.jww

● コーナー処理をする

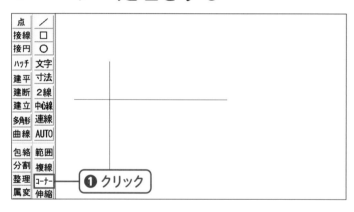

1 [コーナー]コマンドを選択する

練習ファイル内、図形Aを操作します。ツールバーの[コーナー]コマンドをクリックします❶。

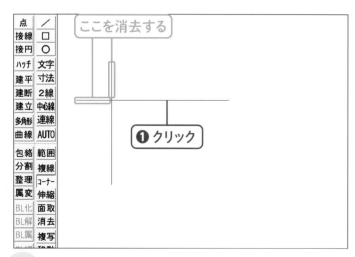

2 残したい1辺を選択する

コーナー処理で消去したい部分ではなく、残したい1辺をクリックします❶。

> MEMO
>
> ここでは、突出している短い2線を消去します。

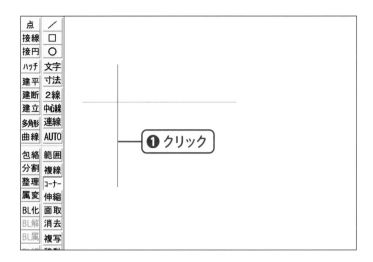

3 残したいもう1辺を選択する

もう片方の残したい1辺をクリックします❶。

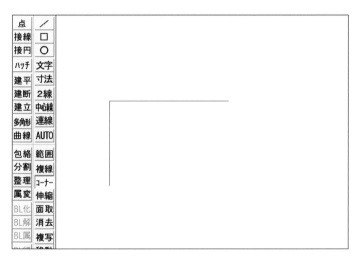

4 コーナー処理できた

不要な部分が消去され、交点でコーナー処理されました。

● 面取りをする

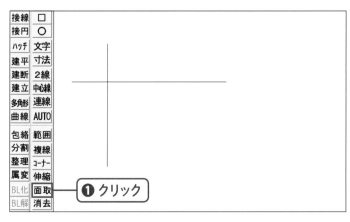

1 [面取]コマンドを選択する

練習ファイル内、図形Bを操作します。ツールバーの[面取]コマンドをクリックします❶。

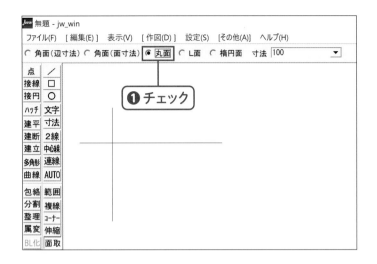

2 面の形状を選択する

コントロールバーの［丸面］にチェックを入れます
❶。

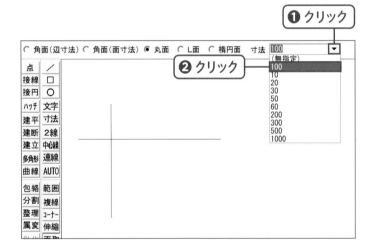

3 寸法を選択する

［寸法］の▼をクリックし❶、展開メニューから
［100］をクリックします❷。

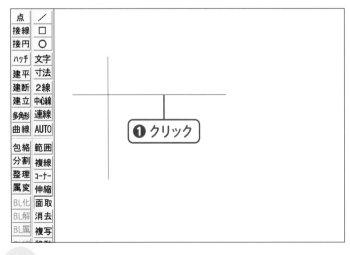

4 残したい1辺を選択する

残したい1辺をクリックします❶。

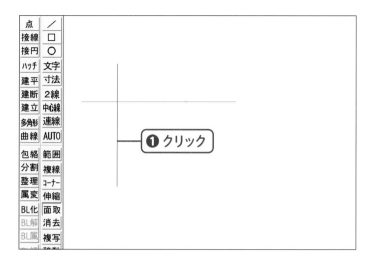

5 残したいもう1辺を選択する

もう片方の残したい1辺をクリックします❶。

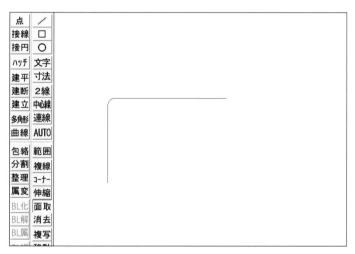

6 面取りの完成

線の交点が寸法100mmの丸面になりました。

CHECK

コーナー処理と面取りの違い

コーナー処理と面取りは、どちらも交点を角にするために余分な部分を切り落とし、整える処理です。一見違いがわかりづらいですが、これら2つの処理方法の異なる点は、2本の線の交点に面が作られるか作られないかです。2本の線が離れている時、面取りでもコーナーでも自動的に線が伸びてつながるのは同じです。しかし、コーナー処理は「ただ伸びて交わる」だけで、面が作られません。面取りでは、角面や丸面など、指定した方法で何らかの面を作ってつながるということを覚えておきましょう。それぞれの処理の特徴を理解し、状況に応じて使いどころを見極めることが大切です。

Lesson 07

図形を包絡しよう

図形と図形が重なって複数の線が組み合わされている箇所には [包絡処理] コマンドを用いることで、範囲指定した部分の外郭のみを残すことができます。

練習ファイル　0407a.jww　完成ファイル　0407b.jww

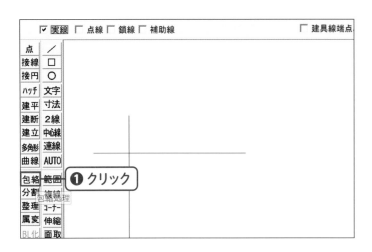

1 [包絡]コマンドを選択する

ツールバーの [包絡処理] コマンドをクリックします❶。

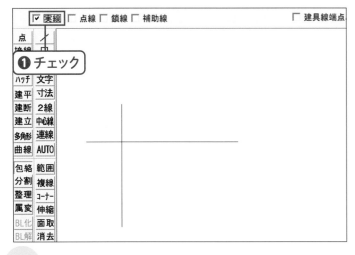

2 線種を選択する

コントロールバーの [実線] にチェックを入れます❶。

MEMO

あらかじめチェックが入っている場合は、そのまま進めてください。

108

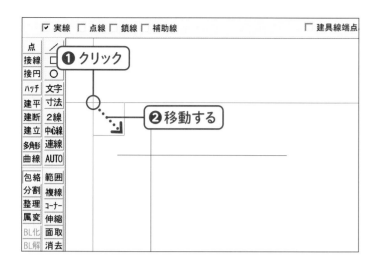

3 始点を選択する

包絡したい範囲の始点をクリックし❶、マウスを
任意の範囲まで移動します❷。

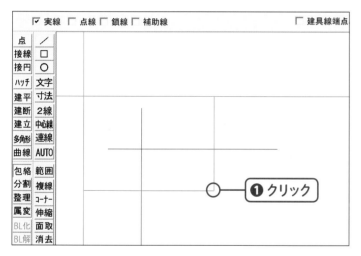

4 終点を選択する

包絡したい図形を囲む形で範囲を選択できたら、
終点をクリックします❶。

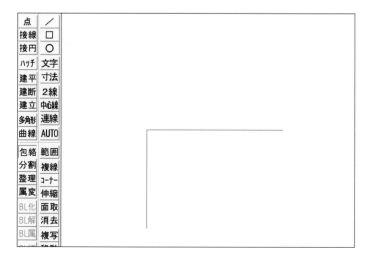

5 包絡処理できた

包絡処理をすることができました。

包絡処理の注意点

［包絡処理］コマンドはさまざまな作図に用いることができます。たとえば地図を描く際はT字路などのように縦横で複数の線が交わるようなところが多く、建物の図面であっても、基本的には壁は直角に交わります。そういった時に頻繁に使用するのが［包絡］コマンドです。以下の注意点とともに、包絡処理の方法をしっかりと覚えておきましょう。

包絡処理の際の注意事項

① **対象線は同じ線色でないと使えない**
包絡処理する為には、同一の線色である必要があります。たとえば、線が赤色であれば赤線同士でなければ包絡処理はできません。
② **対象線は同じ線種でないと使えない**
線種を合わせる必要があります。たとえば、実線なら実線同士でなければ包絡処理はできません。
③ **対象線は同じレイヤでないと使えない**
包絡処理を行う線同士は、同じレイヤに属している必要があります。包絡処理がうまくいかない時、レイヤが異なることが原因である場合が多いため、あらかじめ確認するようにしましょう。

包絡処理と節間消しのちがい

節間消しは部分的に消去したい箇所を1つずつ選択するのに対して、包絡処理は選択した範囲を一気に消去することができます。包絡処理では不要な線を一度に複数消去できるので、より複雑な図面を作成する時に有効なコマンドとなります。

反対に、シンプルな図面で数箇所のみ消去したい場合であれば、節間消しのほうが使いやすいでしょう。場面に応じて使い分けることを心掛けましょう。

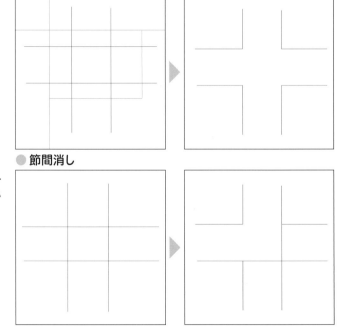

● 包絡処理

● 節間消し

Chapter

5

文字・寸法線を
記入しよう

作図した図形や線の長さなどを補足するための、文字と寸法線の描き方を学びます。
図面に文字を描いて編集を行うほか、寸法線を使って水平・垂直・斜辺の長さを
表せるようになりましょう。

文字・寸法線を記入しよう

この章のポイント

● 寸法線とは？

寸法線とは、図面上の線の長さや円の半径などを表記するものです。どの部分がどのような寸法なのかを表す重要な要素であり、図面には必要不可欠です。一般的に、寸法線は右の画像のように表記します。

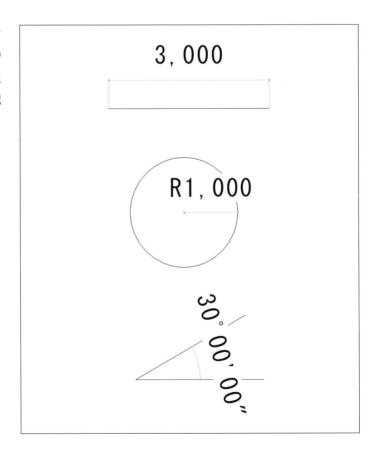

1 文字を書いてみよう  P.114

図面に文字を記入します。

2 文字を編集しよう P.118

作成した文字を修正したり移動したりしましょう。

3 水平・垂直・斜辺の 寸法を記入しよう 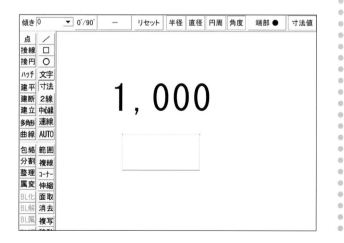 P.122

寸法線を描いて長さを表す方法を学びます。

4 半径・直径・角度の 寸法を記入しよう P.128

寸法線を描いて図形や円の半径・直径・角度を表す方法を学びます。

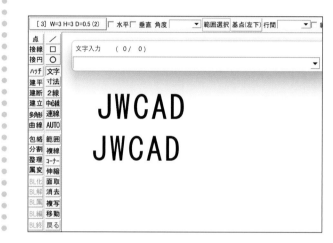

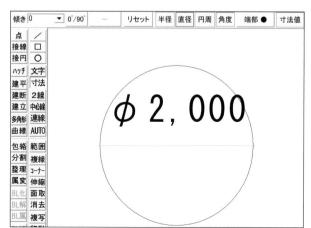

Lesson 01

文字を書いてみよう

配置する機材を表記したり題名を描いたりする場合は、図面に文字を書くことができます。ここでは図面に文字を書く方法を学びましょう。

練習ファイル　なし　　完成ファイル　0501b.jww

● 文字を書く設定をする

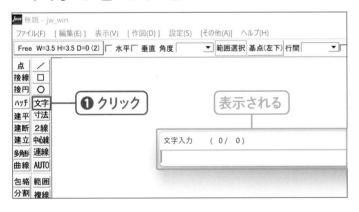

1 [文字]コマンドを選択する

ツールバーの[文字]コマンドをクリックすると❶、[文字入力]欄が表示されます。

2 文字種の設定画面を開く

コントロールバーの1番左にある部分をクリックします❶。

114

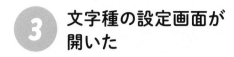

3 文字種の設定画面が開いた

[書込み文字種変更]という画面が表示されます。

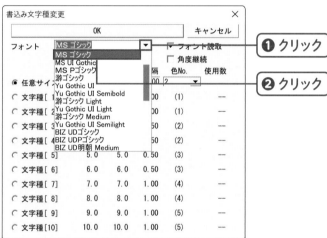

4 フォントを変更する

フォントの ▼ をクリックし❶、展開メニューから
[MSゴシック]をクリックします❷。

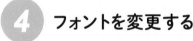

MEMO

あらかじめ[MS ゴシック]に設定されている場合は、そのまま進めてください。

5 チェックを入れる

[任意サイズ]にチェックを入れます❶。

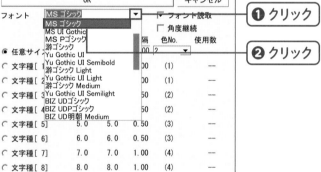

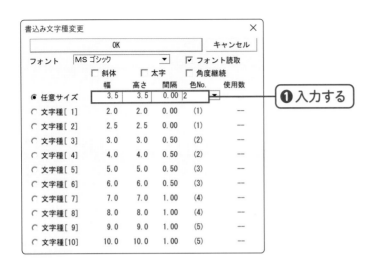
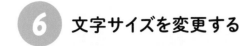

6 文字サイズを変更する

文字サイズと色を下記のとおりに入力します❶。

幅	3.5
高さ	3.5
間隔	0
色No.	2

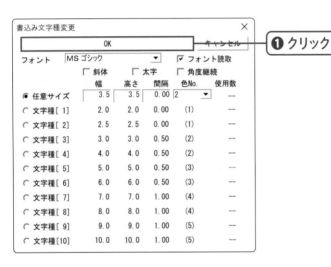

7 文字種が変更された

[OK]をクリックします❶。文字種変更が完了しました。

● 文字を記入する

1 [文字入力]欄を表示する

ツールバーの[文字]コマンドをクリックすると❶、[文字入力]欄が表示されます。

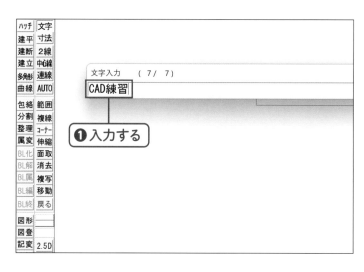

2 文字を入力する

入力画面に「CAD練習」と入力します❶。

3 文字を配置する

文字を配置したい位置をクリックします❶。

4 文字が記入できた

図面上に先ほど入力した「CAD練習」が配置されました。

MEMO

表示サイズが小さい場合は、画面を拡大してください。

Lesson 02

文字を編集しよう

文字を1度消去して書き直すよりも、移動・複写などで修正するほうが効率がよいです。1度もミスせずに図面を描き終えることはほぼ不可能なので、効率のよい編集方法を覚えましょう。

練習ファイル 0502a.jww　完成ファイル 0502b.jww

● 文字を修正する

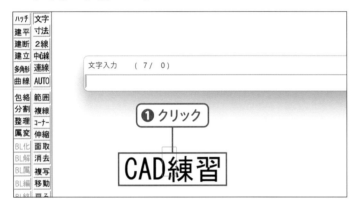

1 修正する文字を選択する

[文字]コマンドを選択した状態で、「CAD練習」にカーソルを合わせて、クリックします❶。

2 修正する文字が表示される

[文字変更・移動]欄に「CAD練習」という文字が表示されます。

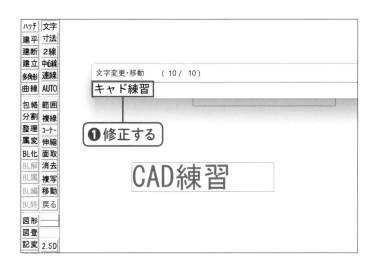

3 文字を修正する

[文字変更・移動] 欄で、「CAD練習」から「キャ
ド練習」に文字を修正します。

4 文字が修正できた

Enter キーを押すと、文字が修正されます。

● 文字を移動する

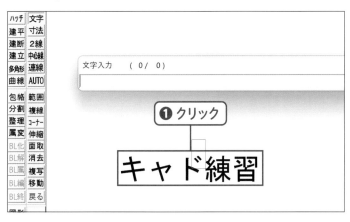

1 移動したい文字を
選択する

[文字] コマンドを選択した状態で、移動させたい
文字をクリックします❶。

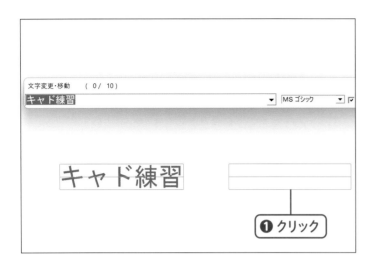

2 移動先を選択する

移動させたい位置にマウスを配置し、クリックします❶。

3 文字が移動できた

文字を移動させることができました。

● 文字を複写する

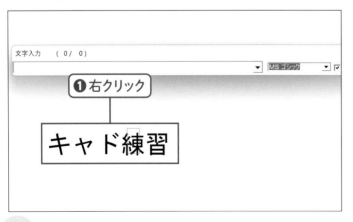

1 複写する文字を選択する

[文字] コマンドを選択した状態で、複写させたい文字を右クリックします❶。

2 複写する位置を選択する

文字変更・複写　　（ 0/ 10 ）

キャド練習　　　　　　　　　　　　　　　　▼　MS ゴシック ▼ ☑

複写させたい位置にマウスを配置し、クリックします❶。

キャド練習

❶ クリック

3 文字を複写できた

文字入力　　（ 0/ 0 ）

　　　　　　　　　　　　　　　　　　　　▼　MS ゴシック ▼ ☑

文字を複写させることができました。

キャド練習　　キャド練習

― CHECK ―

図面におすすめのフォント

図面に文字を記入する際におすすめしたいフォントは、「MSゴシック」と「MS明朝」です。MSゴシックははっきりとした文字であるため印刷する際にとても見やすく、見出しなどの特に目立たせたい文字に最適です。MS明朝は構造物の説明書きや、注意書きを書く際によく使用されるフォントです。

MSゴシック

CAD練 習

MS明朝

CAD練 習

Lesson 03
水平・垂直・斜辺の 寸法を記入しよう

図面では、寸法を記入することでその部分がどのくらいの長さなのかを示します。ここではさまざまな寸法の記入方法を勉強しましょう。

練習ファイル 0503a.jww 完成ファイル 0503b.jww

● 寸法線を描く設定をする

1 ［寸法］コマンドを 選択する

練習ファイル内、図形Aを操作します。ツールバーの［寸法］コマンドをクリックします❶。

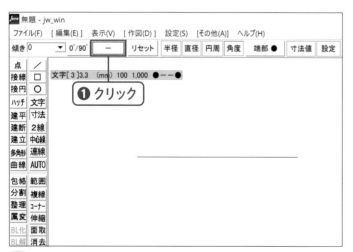

2 寸法線の描き方を 設定する

コントロールバー赤枠のボタンをクリックし、［－］を選択します❶。

> **MEMO**
>
> あらかじめ、［－］に設定されている場合は、そのまま進めてください。

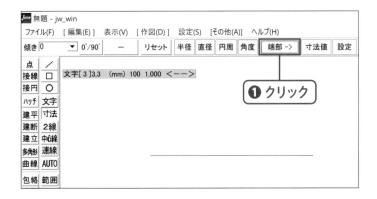

3 端部の記号を選択する

コントロールバーの[端部]をクリックし、[−>]
に設定します❶。

4 寸法設定画面を開く

コントロールバーの[設定]をクリックします❶。

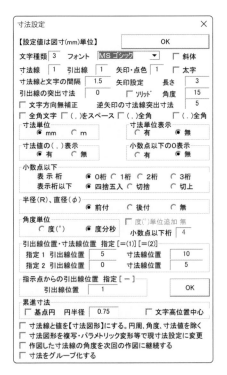

5 寸法設定画面が 表示された

寸法設定画面が表示されます。ここでは寸法線の
サイズやフォントなどの設定を行うことができま
す。

MEMO

本書ではすでに初期設定で設定を行っているため省略し
ます。あらためて設定する場合は上記の手順で行ってく
ださい。

● 水平な寸法線を描く

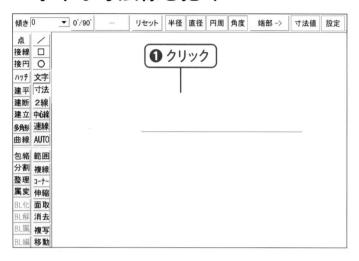

1 寸法線の位置を選択する

練習ファイル内、図形Aを操作します。[寸法]コマンドを選択した状態で、寸法線を配置したい位置をクリックします❶。赤い点線が表示されます。

> **MEMO**
>
> 寸法線を配置する位置には特に決まりはありません。寸法を測りたい図形から遠すぎず近すぎず、ほどよい間隔を空けて配置できていれば問題ありません。

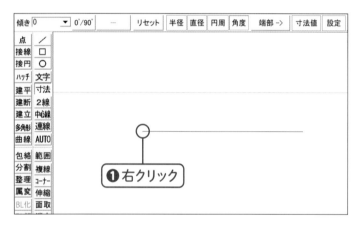

2 寸法の始点を選択する

長さを測りたい線の始点を右クリックします❶。

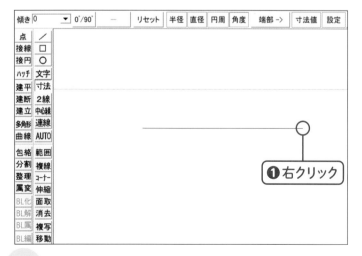

3 寸法の終点を選択する

寸法の終点を右クリックします❶。

4 水平な寸法線が描けた

3,000

寸法線を記入することができました。

● 垂直な寸法線を描く

❶ クリック

1 寸法の傾きを設定する

練習ファイル内、図形Bを操作します。[寸法] コマンドを選択した状態で、コントロールバーの [0°/90°] をクリックします❶。

❷右クリック

❶ クリック

❸右クリック

2 寸法線の位置を選択する

寸法線を配置したい位置をクリックし❶、寸法線の始点と終点を右クリックします❷❸。

文字・寸法線を記入しよう

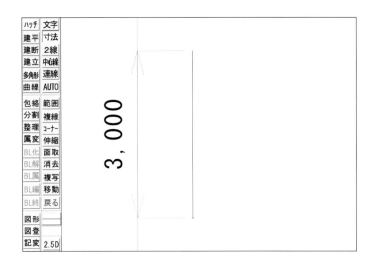

3 垂直な寸法線が描けた

寸法線を記入することができました。

● 斜辺の寸法線を描く

1 [線角] コマンドを 選択する

練習ファイル内、図形Cを操作します。[寸法] コマンドを選択し、画面右側の [線角] コマンドをクリックします❶。

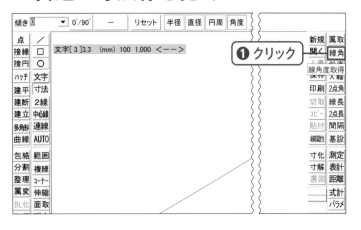

2 寸法を測りたい線を 選択する

寸法を測りたい線をクリックします❶。

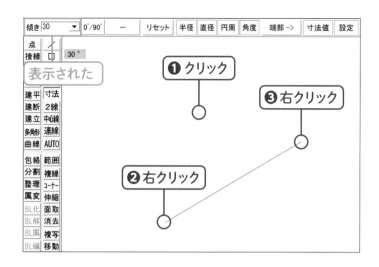

③ 傾きが表示される

コントロールバーの傾きの欄に傾きが表示されます。寸法線を配置したい位置をクリックし❶、寸法線の始点と終点を右クリックします❷❸。

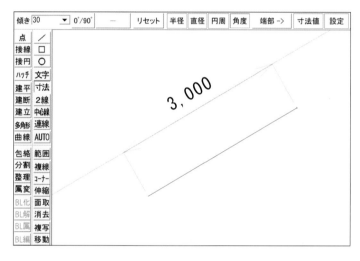

④ 斜辺の寸法線が描けた

寸法線を記入することができました。

CHECK

文字の高さについて

紙に印刷した時、描かれている文字の高さが2.5mm程度以上であれば、読み手側はストレス無く図面を読むことができると言われています。そのため文字の高さは最低でも2.5mm以上になるように設定しましょう。また、文字の大きさがバラバラな図面も読みづらいため要注意です。基本的には文字の大きさを統一し、本当に強調したい部分のみを大きくするなどして、綺麗にまとまった図面を作成することを心がけましょう。

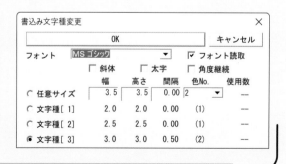

Lesson 04
半径・直径・角度の寸法を記入しよう

線だけでなく、円の半径や直径、線の角度にも寸法を入れることができます。線の寸法同様に頻繁に用いるため、しっかり覚えておきましょう。

練習ファイル 0504a.jww　完成ファイル 0504b.jww

● 半径の寸法線を描く

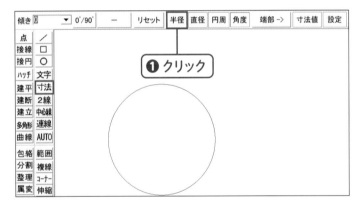

1 ［半径］をクリックする

練習ファイル内、図形Aを操作します。［寸法］コマンドを選択した状態で、コントロールバーの［半径］をクリックします❶。

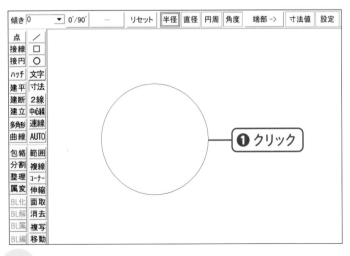

2 円を選択する

半径を測りたい円をクリックします❶。

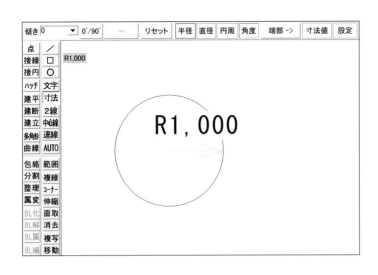

3 半径の寸法線が描けた

寸法線を記入することができました。

● 直径の寸法線を描く

1 [直径]をクリックする

[寸法]コマンドを選択した状態で、コントロールバーの[直径]をクリックします❶。

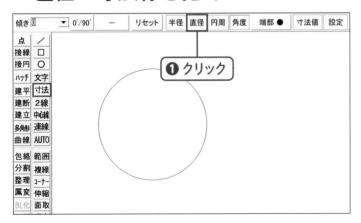

2 円を選択する

直径を測りたい円をクリックします❶。

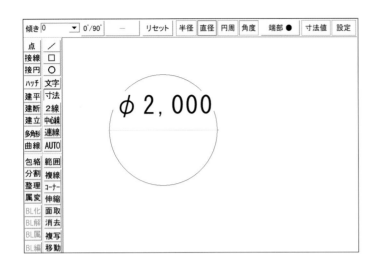

3 寸法線が描けた

直径の寸法線を描くことができました。

● 角度の寸法線を描く

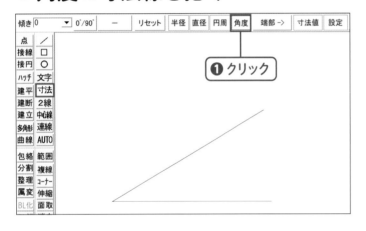

❶クリック

1 [角度]を選択する

練習ファイル内、図形Cを操作します。[寸法]コマンドを選択した状態で、コントロールバーの[角度]をクリックします❶。

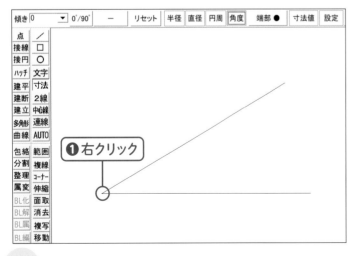

❶右クリック

2 原点を選択する

ステータスバーに[原点を指示してください]と表示されたことを確認して、原点を右クリックします❶。

MEMO

原点とは座標を定めるための基準点であり、今回の場合は円の中心点を指します。

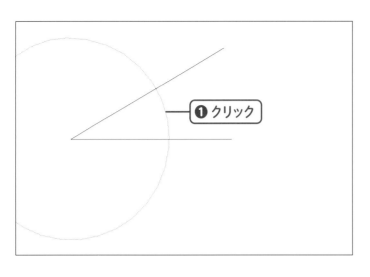

3 位置を選択する

寸法線を配置したい位置をクリックすると❶、赤い円が表示されます。

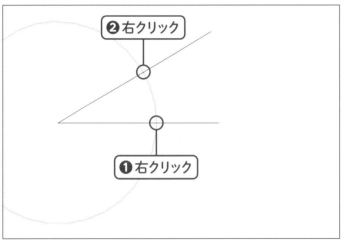

4 始点を選択する

寸法線の始点と終点を右クリックします❶❷。

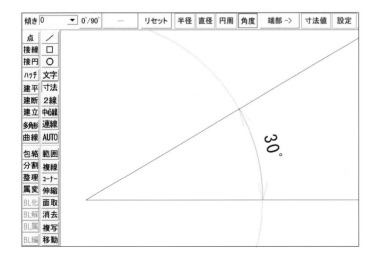

5 角度の寸法線が描けた

寸法線を記入することができました。

円周の測り方

Jw_cadでは円周の長さも寸法線で表示させることができます。

. . . .

① ［寸法］コマンドをクリックし❶、コントロールバーの［円周］をクリックします❷。続いて円周を測りたい円をクリックします❸。

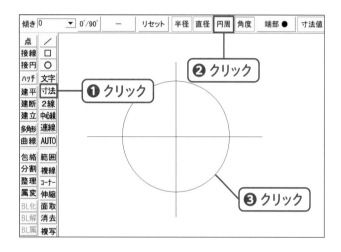

② 次に寸法線を表示させる位置をクリックします❶。

③ クリックした位置に赤の点線が表示されました。次に測りたい円周の範囲を選択します。測りたい円周の始点❶終点❷をそれぞれ右クリックします。

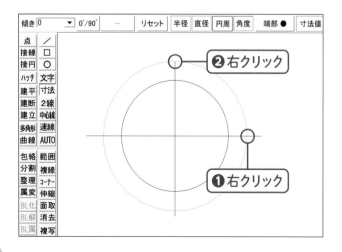

④ 指定した範囲の円周の寸法線を作成することができました。

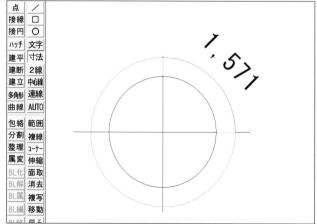

Chapter

6

住宅の平面図を描こう

これまでに学んだ内容を使って、住宅の平面図を描いてみましょう。柱、外壁と内壁など、基本的な操作で描けるもののほか、扉や窓、階段などのより実践的な作図も学びます。

住宅の平面図を描こう

この章のポイント

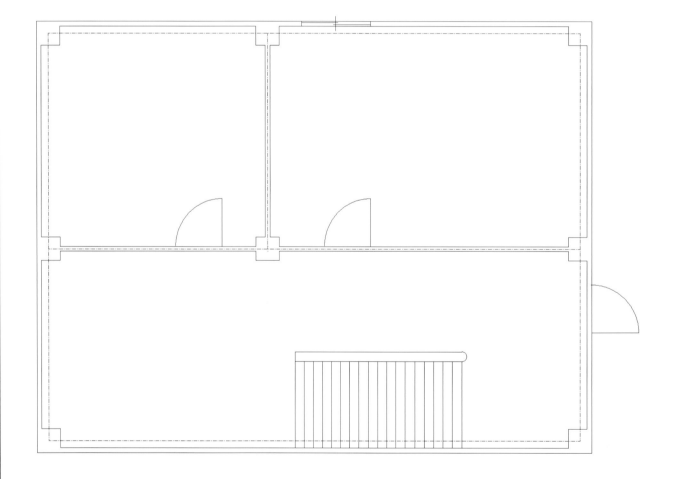

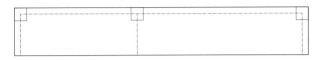

POINT

1 平面図を描く準備を
しよう ➡ P.136

平面図を描きはじめる前の準備として、図枠やタイトル版を
描き込みます。

POINT

2 通り芯と柱を描こう ➡ P.140

柱を描く際に基準の補助線となる通り芯を描きます。通り芯
に沿って柱を配置していきます。

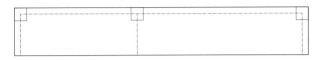

POINT

3 外壁・内壁を描こう ➡ P.144

建造物の輪郭となる外壁や、内部を区切る内壁を描きます。

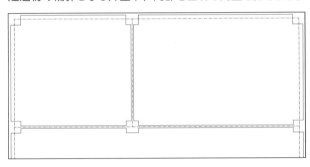

POINT

4 扉を描こう ➡ P.150

建築図面での扉の作図にはルールがあります。ここでは扉を
作成し配置していきます。

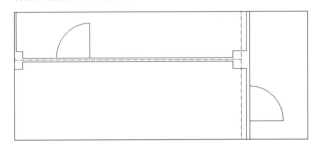

POINT

5 窓を描こう ➡ P.154

扉同様、建築図面での窓の作図にはルールがあります。こ
こでは窓を作成し配置していきます。

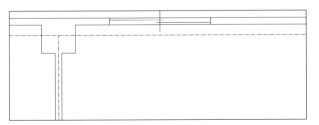

POINT

6 階段を描こう ➡ P.158

2階建ての家やマンションを描く場合、上の階へとつながる階
段が必要です。ここでは一般的な階段の描き方を学びます。

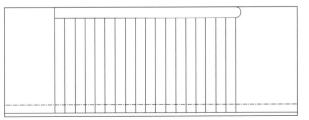

Lesson 01

平面図を描く準備をしよう

図面はいきなり描きはじめるのではなく、事前に準備を行います。ここでは住宅の平面図を描く前の準備として、ここまでに学習した設定や、タイトルの記載を実際の流れで行います。

練習ファイル なし　　　完成ファイル 0601b.jww

図面を作成する前の準備として、必要な設定を行います。準備は、レイヤ・用紙サイズ・縮尺の設定→図枠の作成→タイトル版の作成の順に進めていきます。

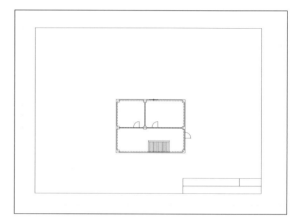

● レイヤ・用紙サイズ・縮尺を設定する

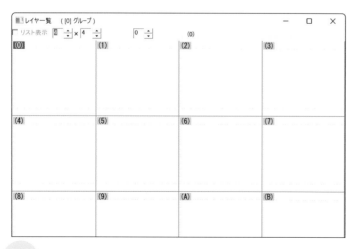

1 レイヤ名を設定する

レイヤグループ0のレイヤ名を以下のとおりそれぞれ設定します。

0	図枠	1	通り芯	2	補助線	3	平面図
4	立面図	5	寸法線	6	文字		

MEMO

レイヤ名の設定方法についてはP.38を参照してください。

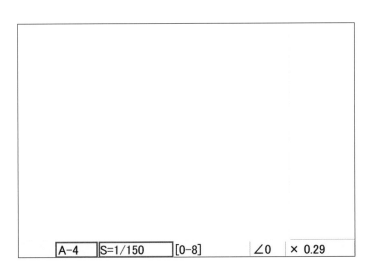

② 用紙サイズ・縮尺を設定する

用紙サイズを［A-4］に、縮尺を［1/150］に設定します。

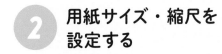

MEMO

用紙サイズと縮尺の設定方法についてはP.32を参照してください。

● 図枠を描く

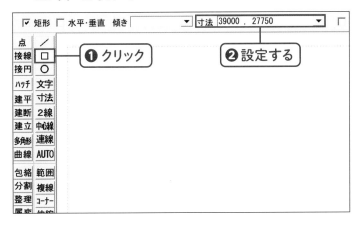

① ［矩形］コマンドを選択する

［矩形］コマンドをクリックし❶、寸法を［39000, 27750］に設定します❷。

② 図枠が描けた

赤紫色で示された用紙枠の中に四角形を配置します。

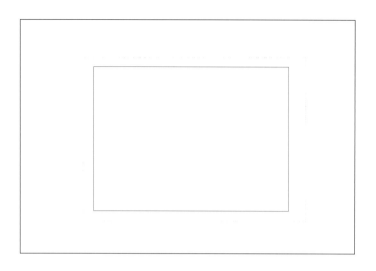

③ 図枠を配置する

次のレッスンから、この図枠の中に図形を描いて
いきます。

● タイトル版を描く

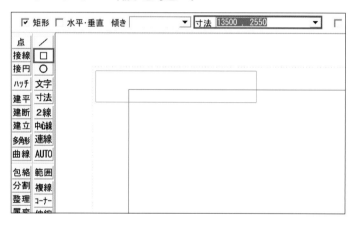

① 四角形を描く

[矩形] コマンドを使って、寸法が [13500, 2550]
の四角形を作成します。

> MEMO
>
> タイトル版とは図面の情報を記入するスペースで、誰が・
> いつ・何を描いた図面なのかを記録するためのものです。

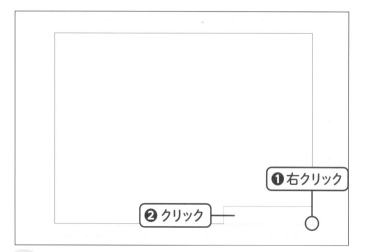

② タイトル版を配置する

図枠の右下の頂点を右クリックします❶。四角形
の位置を左上の方向に微調整し、クリックして画
像のように配置します❷。

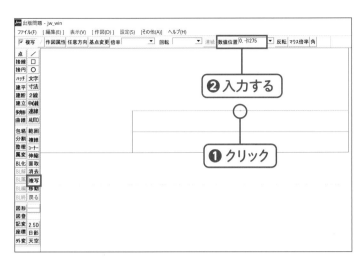

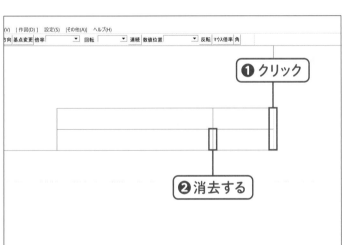

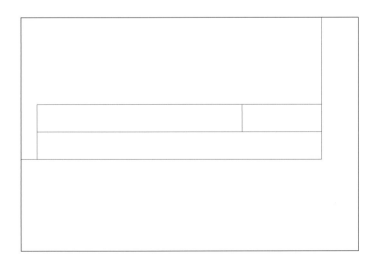

③ 線を複写する ①

[複写]コマンドを選択した状態で、画像の線をクリックします❶。[数値位置]に「0, -1275」を入力し❷、複写します。

④ 線を複写する ②

手順③と同様に[複写]コマンドを選択した状態で、画像の線をクリックします❶。[数値位置]に「-3750, 0」を入力し複写した後、余分な線を[消去]コマンドの節間消しで削除します❷。

⑤ タイトル版が完成した

タイトル版を作成することができました。

Lesson 02

通り芯と柱を描こう

構造物の柱と柱の中心を結んだ線のことを通り芯といいます。通り芯は家の基盤となる部分で、図枠に
はじめに描き入れるもののうちの1つです。ここでは通り芯を描いた後、柱を配置してみましょう。

練習ファイル 0602a.jww　完成ファイル 0602b.jww

● 通り芯を描く

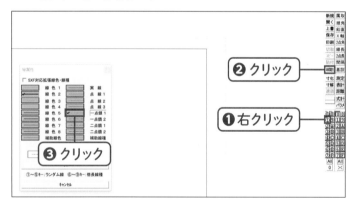

1 線種を設定する

レイヤを①に変更し❶、[線属性]コマンドをクリックして❷、[一点鎖1]をクリックします❸。

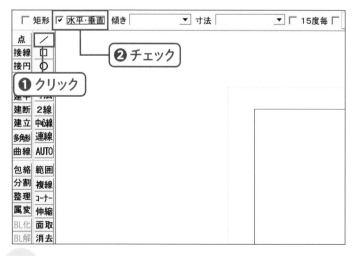

2 通り芯を描く ①

[線]コマンドをクリックし❶、コントロールバーの[水平・垂直]にチェックを入れます❷。

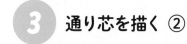 通り芯を描く ②

［線］コマンドを用いて、画像のような通り芯を描きます。

┌─ MEMO ─┐

線と線との交点にすき間がないようにつなぎましょう。

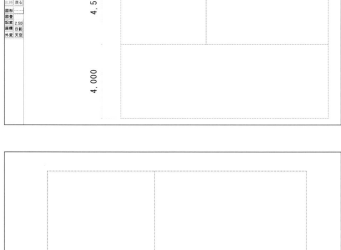

④ 通り芯が描けた

通り芯を描くことができました。

─── CHECK ───

通り芯とは？

「通り芯」とは、壁や柱の中心を結んだ線のことです。柱と柱の中心を結ぶ多くの場合、通り芯は直線で表します。建築の現場では、それぞれの通り芯に番号を振ることによって図面を扱う者同士の共通情報とし、部材の配置を確定させることができます。構造物の大きさの目安として使われることも多く、通り芯から具体的な寸法や位置を割り出す場合も多いです。

● 柱を描く

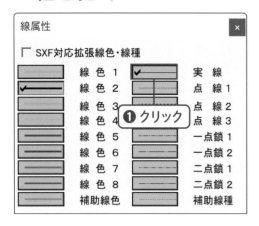

1 線種を設定する

先ほど描いた通り芯に沿って、柱を配置していきます。レイヤを③に変更し、[線属性] コマンドより [実線] をクリックします❶。

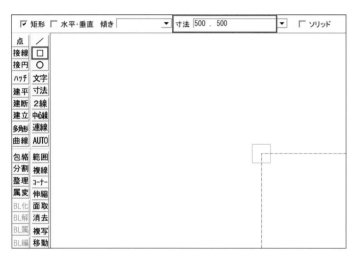

2 正方形を描く

[矩形] コマンドを使って、寸法が [500, 500] の正方形を作成します。この正方形で柱を表します。

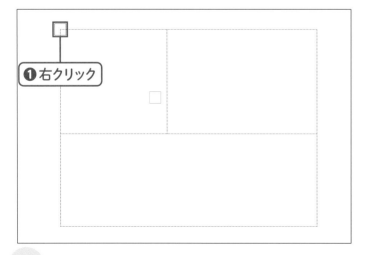

❶右クリック

3 柱を配置する ①

通り芯の交点を右クリックし❶、柱を配置します。

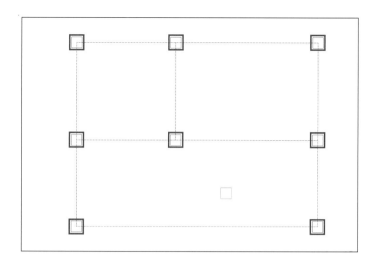

④ 柱を配置する ②

手順❸と同様に、画像の8箇所に柱を配置します。

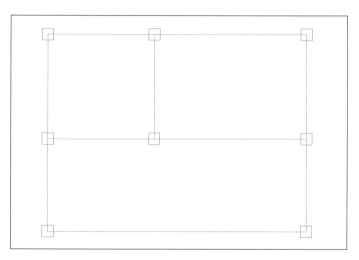

⑤ 柱が配置できた

柱を描くことができました。

CHECK

図面の種類

図面は、どの目線で見た様子を表しているかによって、呼び名が変わります。たとえばこのチャプターで描いているのは、建物を水平に切断して上から見下ろした「平面図」と呼ばれる最も基本的な図面です。

● **立面図**
建物の外観について、各面に対して正面から見た図面。屋根、外壁などの位置や形状などを把握することができます。

● **断面図**
建物を垂直に切断し、横から眺めた図面。断面図により上下階のつながりや高さ関係を把握することができます。

● **展開図**
住宅の室内の中心から北、東、南、西の四方を見た投影図です。

Lesson 03

外壁・内壁を描こう

壁には建物の輪郭となる外壁や、内部を区切る内壁があります。ここではLesson02で描いた柱に沿って壁を描いていきましょう。

練習ファイル 0603a.jww 完成ファイル 0603b.jww

● 外壁を描く

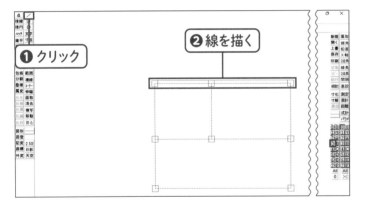

1 外側の壁を描く

引き続き、レイヤ③に壁を描いていきます。[線]コマンドをクリックし❶、柱の外側を線で結びます❷。

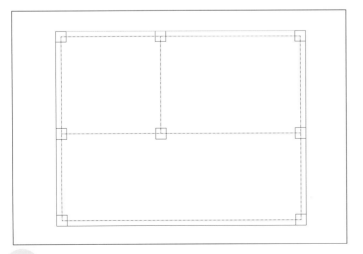

2 残りの壁も描く

画像のように残りの外壁も描いていきます。

● 壁に厚みをつける

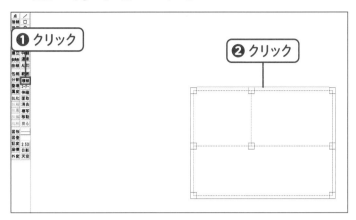
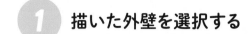

1 描いた外壁を選択する

[複線] コマンドをクリックし❶、先ほど描いた外壁をクリックします❷。

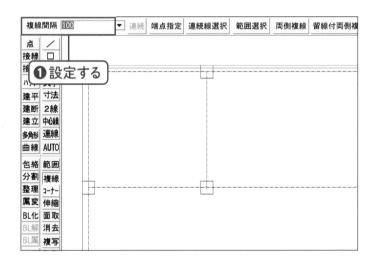

2 複線間隔を設定する

[複線間隔] を [100] に設定します❶。

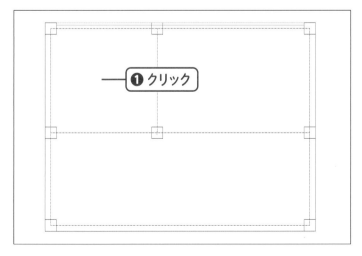

3 厚みをつける部分をクリックする

壁の内側にカーソルを配置し、クリックします❶。

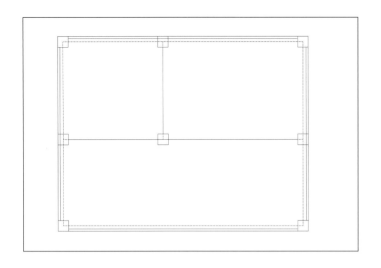

④ 残りの壁も厚くする

画像のように残りの3箇所の外壁にも厚みをつけます。

● 内壁を描く

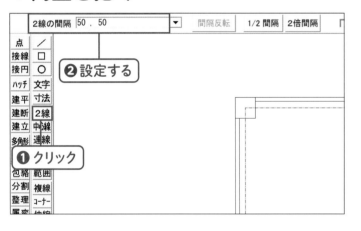

① 2線の間隔を設定する

[2線] コマンドをクリックし❶、2線の間隔を [50, 50] に設定します❷。

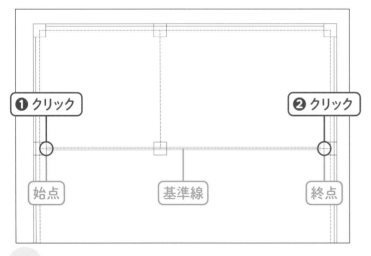

② 始点と終点を選択する

画像のように基準線、始点をクリックし❶、一番右の柱の手前で終点をクリックします❷。

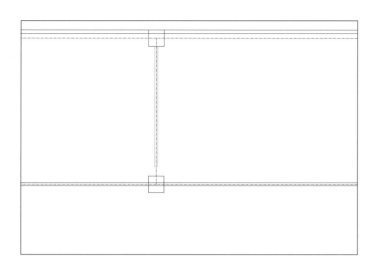

③ 内壁が描けた

もう1箇所の内壁も、先ほどの手順②と同様に作
成します。

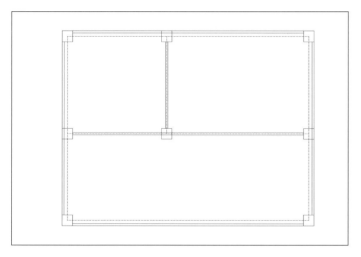

④ 内壁が描けた

内壁を描くことができました。

● 図面を整理する

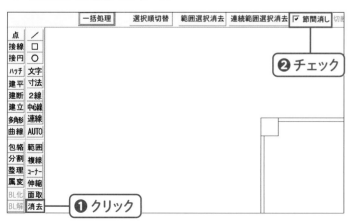

① [消去]コマンドを
起動する

柱と壁の結合部で無駄な線を削除するために、[消
去]コマンドをクリックし❶、[節間消し]にチェッ
クを入れます❷。

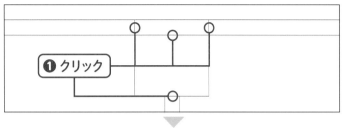

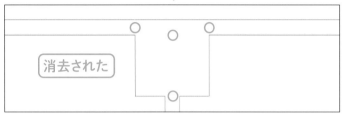

2 柱と壁の交わる線を消去する

レイヤ①をクリックし、非表示にします。画像の4箇所の線をクリックし❶、消去します。

MEMO

指定したレイヤを非表示にする方法については、P.37を参照してください。

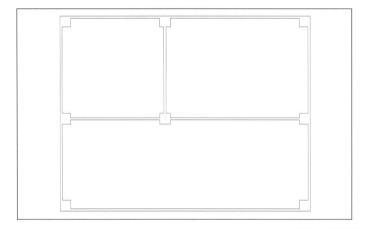

3 残りの線も消去する

画像のように、すべての交わる線を消去します。

CHECK

［包絡］コマンドの使いどころ

このレッスンでは、柱と壁が重なっている箇所を整理する時に［削除］コマンドの［節間消し］を使用しました。読者の皆さんの中には、「節間消しではなく包絡コマンドではできないのだろうか?」と考えた方がいるかもしれません。しかし、先ほどの場合は［包絡］コマンドを使うことができないのです。なぜでしょうか。
［包絡］コマンドには3つのルールがありました。1つ目は同一の線色であること。2つ目は同一の線種であること。そして3つ目は、同じレイヤであることでした。つまり、今回は交差する線のレイヤが異なっていたため、［包絡］コマンドでは処理できないのです。もしもすべて同じレイヤに保存されていたら［包絡］コマンドで重なっている線を一気に削除することができました。今回は図面修正を行う場合を想定し、柱のみを画面から非表示にすることができるよう、壁と柱のレイヤを分けましたが、必ずしも行わなければならないわけではありません。［包絡］コマンドを使用したい場合などには、細かくレイヤ分けをせずに図面を描くこともひとつの選択です。

クロックメニュー

Jw_cadには、クロックメニューという便利なコマンド選択機能があります。クロックメニューは「メニューバーが時計の形になったもの」と考えればよいでしょう。時計の1~12時の全12方向にそれぞれコマンドが割り振られています。Jw_cadではマウスを使って操作を行うことが多いため、頻繁に用いるコマンドはクロックメニューで選択するほうが効率的です。使用頻度の高いコマンドとクロックメニューで選択する際の指定方向は以下のとおりです。

● [文字]

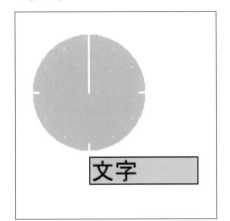

● [線・矩形]

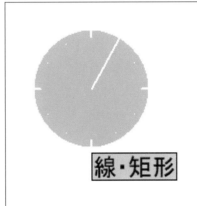

● [円・円弧]

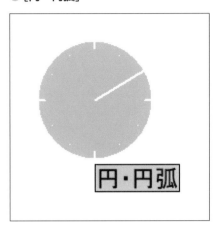

● [包絡]

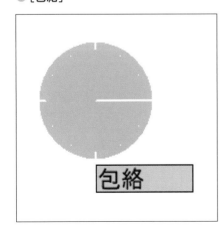

● [範囲選択]

● [消去]

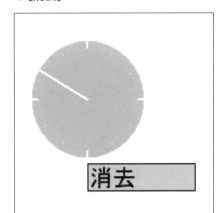

Lesson 04

扉を描こう

建築図面で用いられる扉には定められた描き方があります。ここでは先ほどの平面図に扉を描いていきます。

練習ファイル 0604a.jww　完成ファイル 0604b.jww

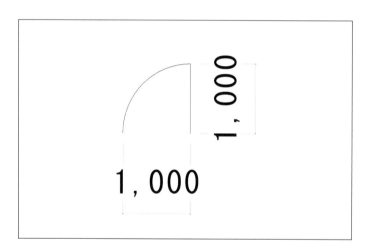

1 描く扉を確認する

画像のような寸法の扉を描いていきます。

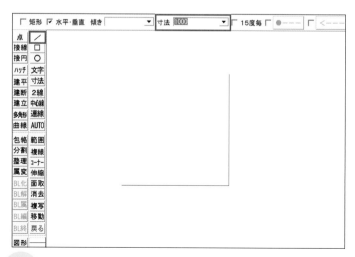

2 線を描く

[線] コマンドを用い、寸法 [1000] の線を画像のように2本描きます。

MEMO

図面の空いているところに描いてください。

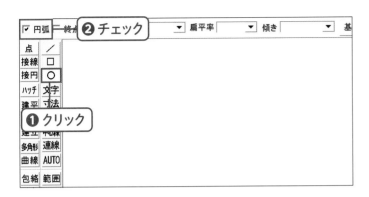

③ [円弧]にチェックを入れる

[円] コマンドをクリックし❶、コントロールバーの [円弧] にチェックを入れます❷。

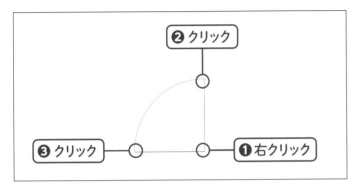

④ 始点と終点を選択する

画像のように中心点を右クリックし❶、始点と終点をそれぞれクリックします❷❸。

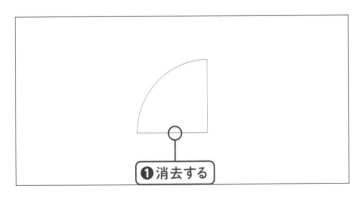

⑤ 線を一部削除する

[消去] コマンドの節間消しで、画像の線を消去します❶。

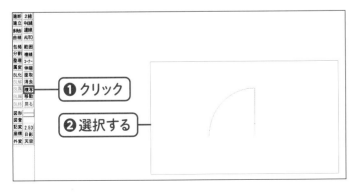

⑥ [複写]コマンドを選択する

[複写] コマンドをクリックし❶、作成した扉を選択します❷。

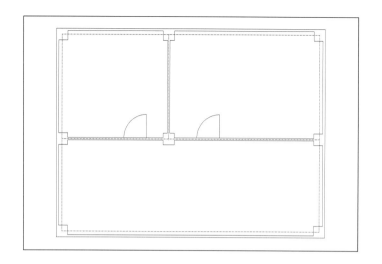

7 複写する位置を選択・配置する

画像の位置に複写します。

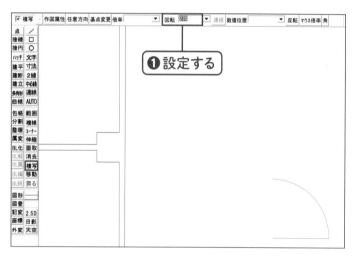

❶設定する

8 扉を回転させる

玄関の扉は向きが異なるため、[複写]コマンドの
コントロールバーの[回転]を[270]に設定して配
置します❶。

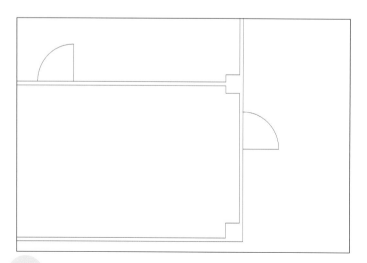

9 扉が配置できた

画像のように配置できました。

図形登録の使い方

Jw_cadを使っていると、自作の図形が増えていきます。1度作ったものをその場限りで捨ててしまうのではなく、次回似たような図形を描く必要がある時のために、保存しておくようにしましょう。さまざまなバリエーションの図形をいつでも使えるようにしておくことで、効率化にもつながります。

図形登録の方法

❶［その他］メニューをクリックし❶、［図形登録］をクリックします❷。

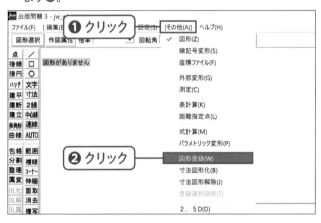

❷ 登録したい図形を範囲選択し❶、［選択確定］をクリックします❷。

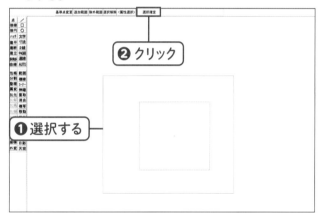

❸［図形登録］をクリックします❶。

❹ フォルダ選択画面が現れるので［新規］をクリックし❶、新規作成画面でフォルダかファイルを選択後❷、任意の名前をつけて［OK］をクリックします❸。

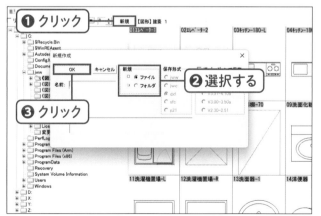

Lesson 05

窓を描こう

扉と同様、窓にも描き方のルールがあります。外側に開く窓なのか、引き違いの窓なのかなど、構造が
わかるようにしなければいけません。ここでは先ほどの平面図に窓を描き加えてみましょう。

練習ファイル 0605a.jww 　完成ファイル 0605b.jww

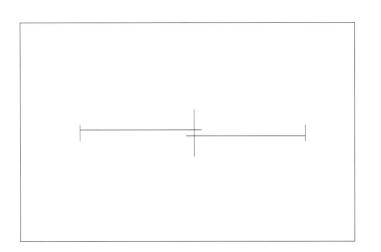

1 引き違い窓を描く

画像のような窓を描きます。

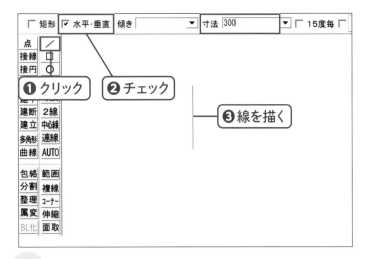

2 線を描く ①

[線]コマンドをクリックし❶、水平・垂直にチェックを入れた状態で❷、300mmの垂線を描きます❸。

MEMO

図面の空いているところに描いてください。

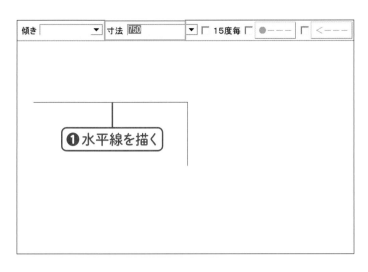

3 線を描く ②

画像のように、手順❷で描いた垂線の頂点から左
の方向に向かって750mmの水平線を描きます
❶。

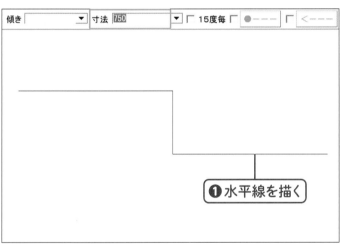

4 線を描く ③

反対側の頂点から右方向に向かって、手順❸と同
様に750mmの水平線を描きます❶。

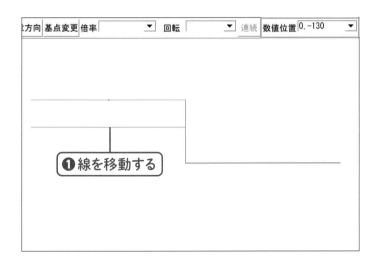

5 線を移動させる ①

[移動]コマンドを選択した状態で、手順❸で描
いた水平線を範囲選択し、[0,-130]の位置に移
動します❶。

Chapter
6

住宅の平面図を描こう

155

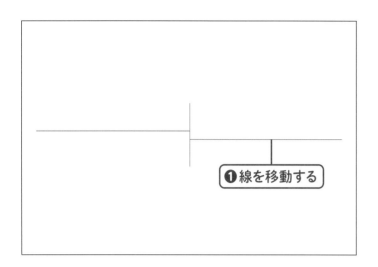

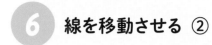

6 線を移動させる ②

もう1本の水平線も[移動]コマンドを使って、
[0, 130]の位置に移動します❶。

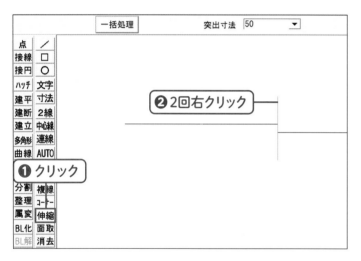

7 線を突出させる ①

[伸縮]コマンドをクリックし❶、基準線を2回右
クリックします❷。

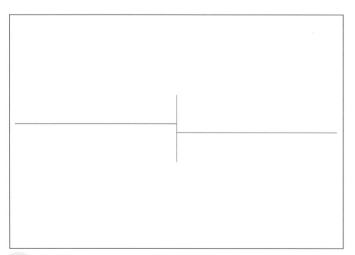

8 線を突出させる ②

突出寸法を50mmに設定し、2本の線をそれぞ
れ突出させます。

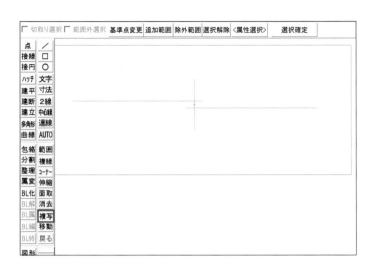
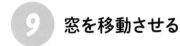

⑨ 窓を移動させる

［複写］コマンドで窓を範囲選択します。

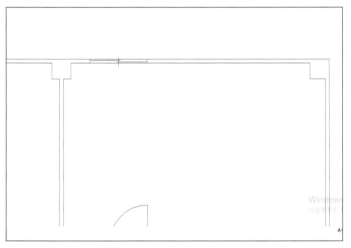

⑩ 窓を移動する

画像の位置に窓を配置します。

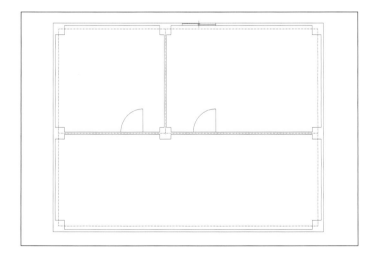

⑪ 窓が完成した

画像のように窓を配置することができました。

Lesson 06

階段を描こう

ここでは1階と2階をつなぐ階段の描き方を学びます。これまでの操作に比べると少し難しく感じるかもしれませんが、作業内容は今まで学んだことの復習になります。

練習ファイル 0606a.jww　完成ファイル 0606b.jww

● 階段を描く

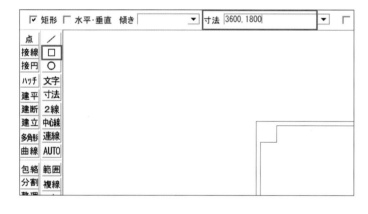

1 四角形を作成する

[矩形] コマンドを使って、寸法が [3600, 1800] の四角形を作成します。

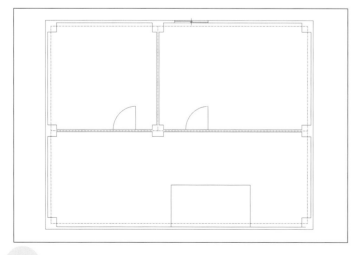

2 四角形を移動する

手順①で作成した四角形を画像の位置に配置します。

③ 段を複線する

［複線］コマンドを使って、画像の線を選択します
❶。

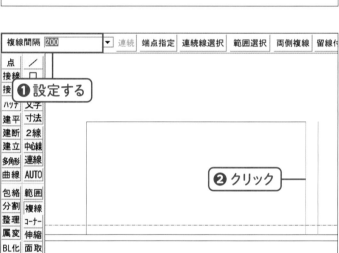

④ 複線間隔を設定する

［複線間隔］を［200］に設定し❶、複線します❷。

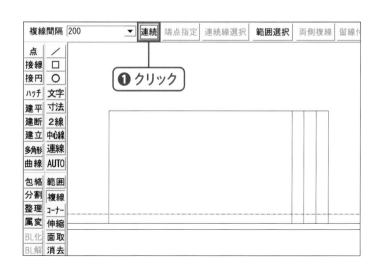

⑤ ［連続］をクリックする

コントロールバーの［連続］をクリックし❶、階段
の形になるように、段を複線していきます。

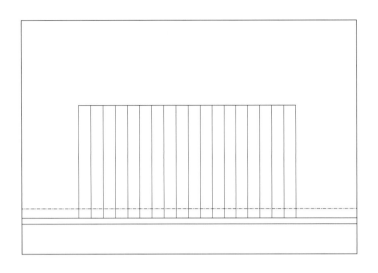

6 段が完成した

画像のように段を配置することができました。

● 手すりを追加する

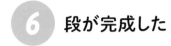
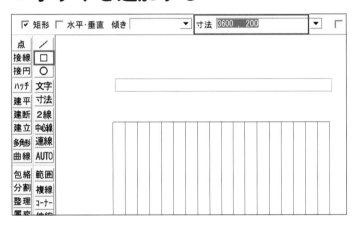

1 四角形を作成する

階段に手すりを追加します。[矩形]コマンドを使って、寸法 [3600, 200] の四角形を作成します。

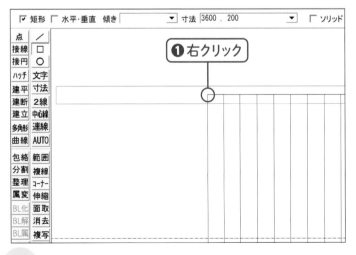

2 四角形を配置する ①

画像の位置で右クリックします❶。

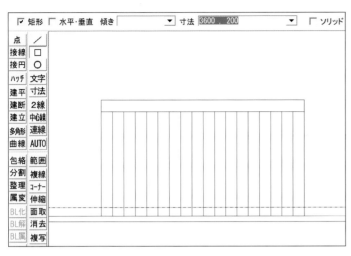

③ 四角形を配置する ②

微調整でカーソルを右上に移動し、画像の位置で確定します。

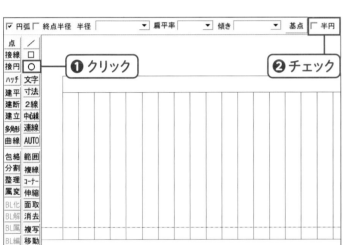

④ [円]コマンドを選択する

手すりに丸みをもたせます。[円]コマンドをクリックし❶、コントロールバーの[半円]にチェックを入れます❷。

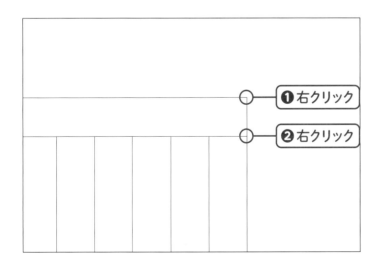

⑤ 始点・終点を選択する

画像のように始点・終点をそれぞれ右クリックします❶❷。

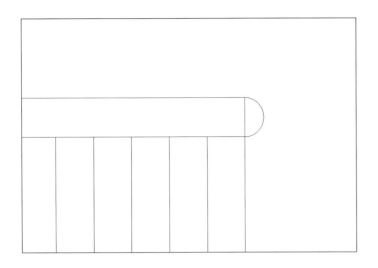

6 半円を配置できた

半円を配置することができました。

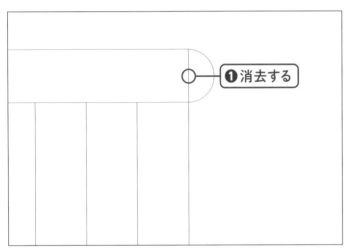

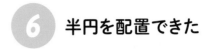

7 不要な線を消去する

[消去]コマンドの[節間消し]を使って、不要な
線を消去します❶。

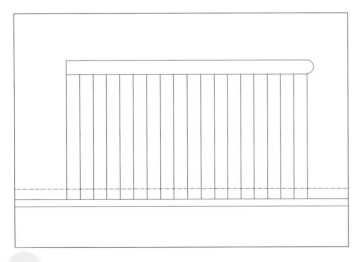

8 階段が描けた

階段を描くことができました。

Chapter

7

住宅の立面図を描こう

Chapter6で描いた平面図を元に立面図を描いていきます。まずは平面図と位置が合うよう補助線を描きます。続いて1階,2階を描き、階段や屋根や窓、ベランダなどを加えていきましょう。また、完成後に図面を印刷する方法も学びます。

住宅の立面図を描こう

この章のポイント

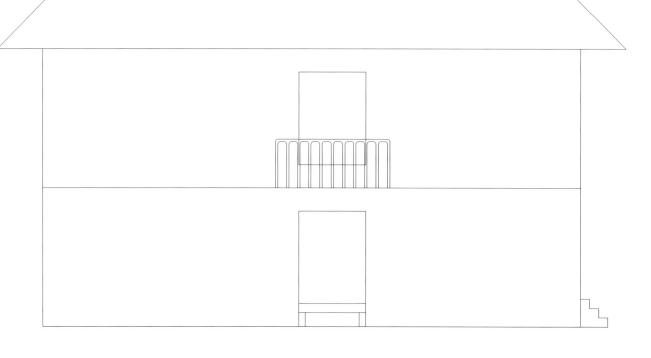

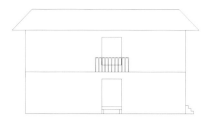

Lesson 01

補助線を描こう

Chapter6で作成した平面図と寸法を合わせるためには、補助線が必要になります。ここでは平面図を元に補助線を描いてみましょう。補助線と建造物が区別できるように、線の種類を変更しながら操作します。

練習ファイル 0701a.jww 完成ファイル 0701b.jww

1 線属性を設定する

レイヤ②で線属性を［点線］にします。

MEMO

線属性の変更については、P.54を参照してください。

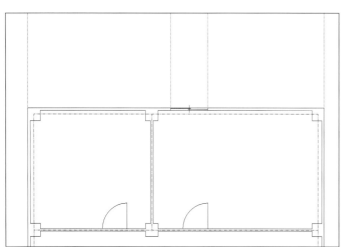

2 補助線を描く

Chapter6で描いた平面図の窓や外壁の位置に合わせて立面図を描くために、［線］コマンドを使って補助線を描いていきます。

MEMO

［線］コマンドを使った線の描き方についてはP.46を参照してください。

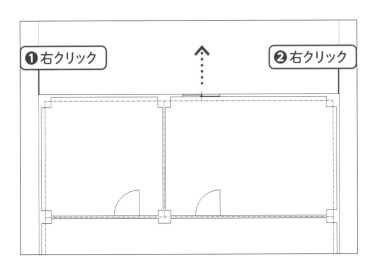

3 線を伸ばす ①

まずは建物の横の長さを表します。柱の右端と左端をそれぞれ右クリックし❶❷、適当な位置まで線を上に伸ばします。

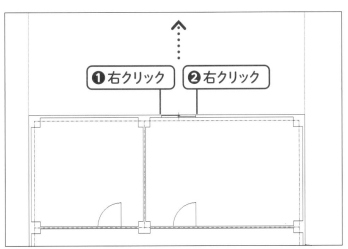

4 線を伸ばす ②

次に窓の位置を表します。窓の右端と左端をそれぞれ右クリックし❶❷、適当な位置まで線を上に伸ばします。

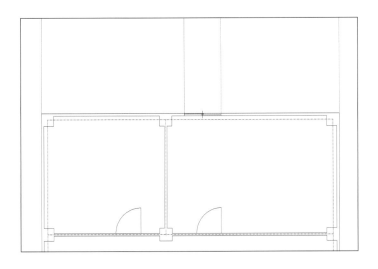

5 補助線が描けた

補助線を描くことができました。

Lesson 02

1階・2階を描こう

今回描いている住宅は2階建てなので、それぞれの階を描き加えていきます。Lesson1で描いた補助線に合わせることで、平面図との寸法のずれを防ぐことができます。

練習ファイル 0702a.jww 完成ファイル 0702b.jww

●1階を描く

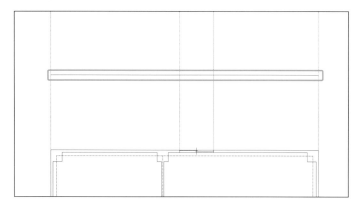

1 地面を描く

Lesson1で描いた補助線と交わるように建物の土台となる地面を描きます。[線] コマンドをクリックし、[水平・垂直] にチェックを入れた状態で、画像のように線を描きます。

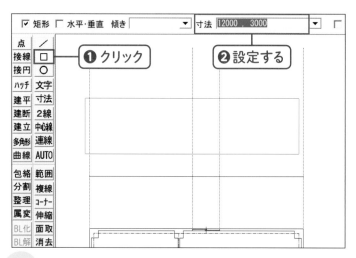

2 四角形を描く

次に1階となる箱を描きます。レイヤ④で線属性を [実線] にします。[矩形] コマンドをクリックし❶、寸法を [12000, 3000] に設定します❷。

> **MEMO**
>
> 線属性の変更については、P.54を参照してください。

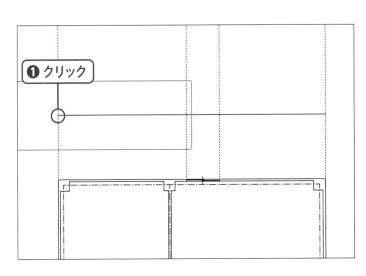

3 四角形を配置する ①

1番左の補助線と地面の交点を右クリックします
❶。

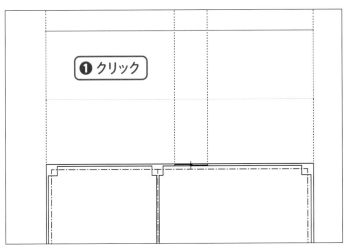

4 四角形を配置する ②

配置位置より右上にマウスカーソルを移動させて、
微調整ののちクリックします❶。

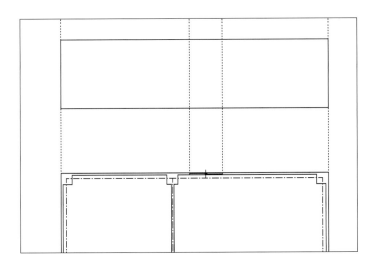

5 家の1階が描けた

1階を描くことができました。

● 2階を描く

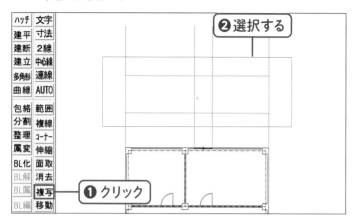
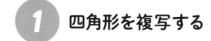

1 四角形を複写する

先ほど描いた四角形を複写し、2階に活用します。
[複写]コマンドをクリックし❶、1階部分の四角
形を範囲選択します❷。

2 四角形の基点を変更する

1階の上部にぴったりと配置するために基点を変
更します。コントロールバーの[基点変更]をクリッ
クします❶。

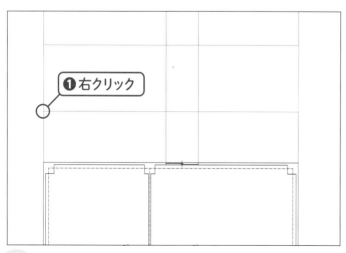

3 四角形を配置する ①

四角形左下の頂点を右クリックします❶。

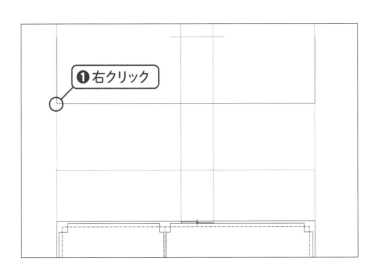

4 四角形を配置する ②

この状態で先ほど作成した四角形の左上の頂点を
右クリックします❶。

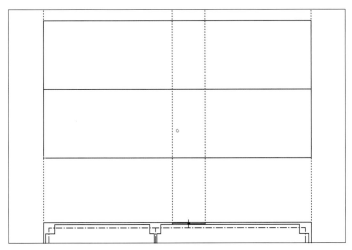

5 家の2階が描けた

2階を描くことができました。

CHECK

図面を納品する場合

仕事での作図の場合、図面が完成した後は発注者に納品する必要があります。納品時にはファイル形式や、図面に変な図形や線が混じっていないかなど、注意深く確認べき項目が多いです。

また、図面はコンクリートの量や鉄筋の数量を数えるために用いられることもあります。発注された内容によっては数量まで把握できる図面を作図する必要があるのです。

建築業界では数量を算出しやすい図面を描ける人の需要がとても高いです。本書では図面の描き方のみを解説していますが、ある程度図面が描けるようになったら、図面による数量の算出について勉強することをおすすめします。

Lesson 03

階段を描こう

先ほどの立面図の1階部分は入り口が高くなっているので、玄関の前に階段を配置します。階段は、今までに学んだ操作を組み合わせて描くことができます。

練習ファイル 0703a.jww 　完成ファイル 0703b.jww

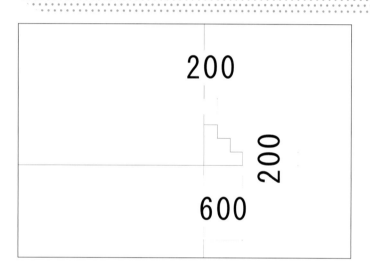

1 完成形を確認する

画像のように、1段あたり高さ200mmの階段を描いていきます。

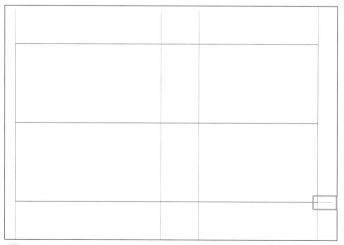

2 線を描く

[線]コマンドをクリックし、[水平・垂直]にチェックを入れて、寸法[600]の線を四角形右下の頂点を始点にして描きます。

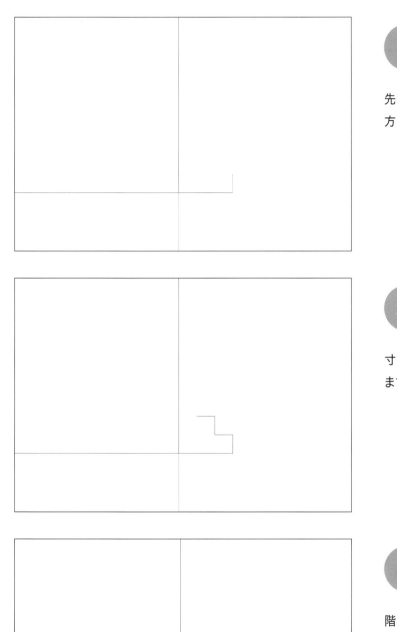

 線を描く

先ほど描いた線の終点から寸法 [200] の線を上
方向に向かって垂直に描きます。

 線を描く

寸法 [200] の状態のまま階段状に線を描いていき
ます。

 階段が描けた

階段を描くことができました。

Lesson 04

屋根を描こう

ここでは、住宅に欠かせない屋根を描いていきます。屋根についても、これまで学んだ操作を応用することで描くことができます。［線］コマンドを用い、角度を指定して描く方法を思い出しながら実践してみましょう。

練習ファイル 0704a.jww 完成ファイル 0704b.jww

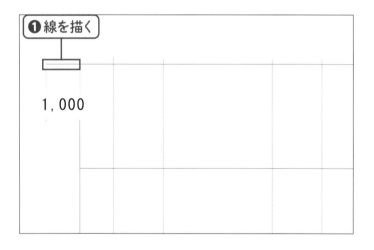

❶線を描く

1,000

1 線を描く

四角形左上の頂点から寸法［1000］の線を左方向に向かって水平に描きます❶。

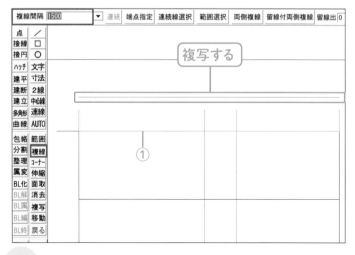

複写する

①

2 線を複写する

屋根の上面を描きます。［複写］コマンドを選択し、画像の線①を複線間隔で［1500］の位置に複写します。

MEMO

複写の方法については P.92 を参照してください。

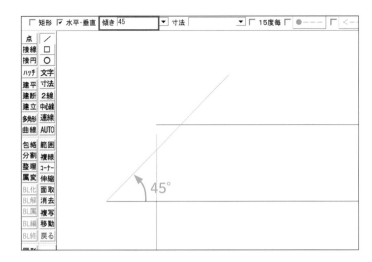

3 角度を指定して線を描く

先ほど描いた線の終点から45°の角度で線を描きます。

> **MEMO**
>
> 角度を指定して描く方法については、P.48を参照してください。

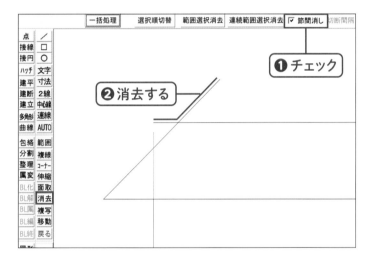

4 はみ出した線を削除する

先ほど複線した線からはみ出した線を、[消去]コマンドを選択した状態で、[節間消し]にチェックを入れて❶、消去します❷。

> **MEMO**
>
> はみ出した線の削除方法についてはP.94を参照してください。

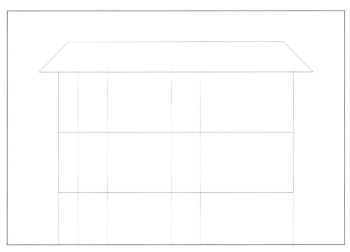

5 反対側も作成する

反対側も同じように操作し、屋根を完成させます。

Lesson 05

窓を描こう

平面図で描いた窓と同じ位置に立面図の窓を描き入れます。ベランダへ出入りできるような大きな窓を描きましょう。配置する場所がずれないように、補助線を活用しながら作図します。

練習ファイル 0705a.jww 　完成ファイル 0705b.jww

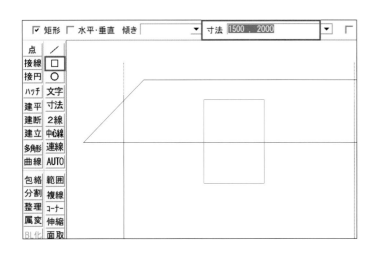

1 四角形を作成する

[矩形] コマンドを使って、「1500, 2000」の四角形を作成します。

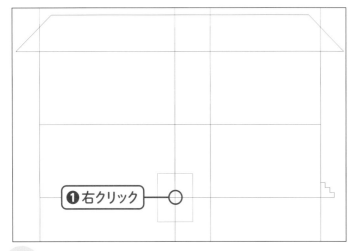

2 四角形を配置する

窓を配置するために補助線と1階の線との交点を右クリックします❶。

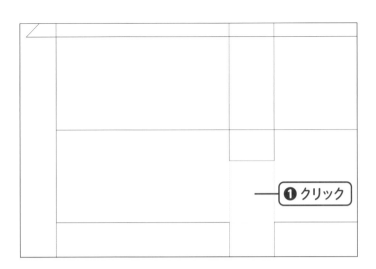

③ 四角形を移動する

平面図で描いた窓の位置と合うように、右上にカーソルを動かし微調整し、クリックして配置します❶。

❶ クリック

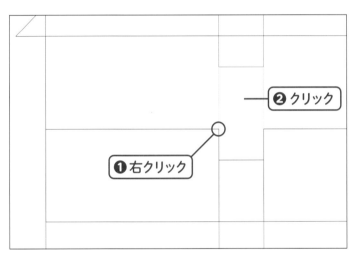

❷ クリック

❶ 右クリック

④ 窓が描けた

2階にも窓を配置します。1階と2階の間の交点を右クリックし❶、右上に微調整し配置します❷。

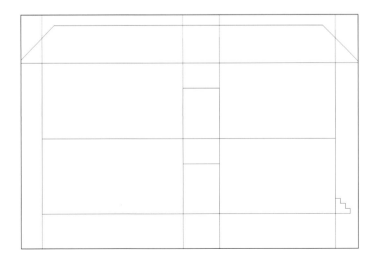

⑤ 窓を移動する ①

これで1階・2階の窓を配置することができました。今度は配置した窓を上に500mm移動させていきます。

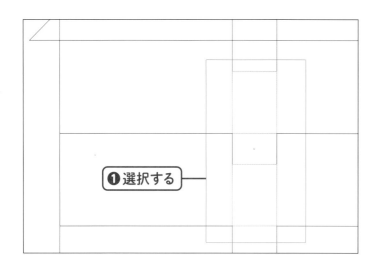

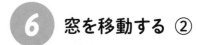

6 窓を移動する ②

2つの窓を同時に移動します。[移動]コマンドを
クリックし、先ほど配置させた窓を2つ範囲選択
します❶。

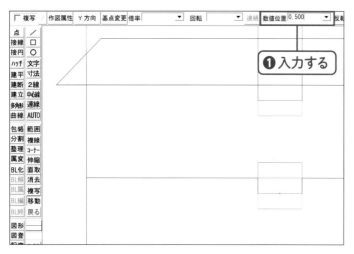

7 窓を移動する ③

[数値位置]に[0,500]を入力します❶。

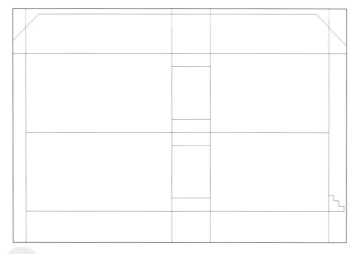

8 窓が移動できた

画像のように2つの窓を配置することができまし
た。

実際の構造物を観察する

図面を描いていると、普段私たちが使っている構造物を深く観察するようになります。たとえば今まで意識していなかった手すりの角部の丸みなどです。実際の角部は怪我をしないように角は全て丸みを帯びていることがわかります。図面にはそういった細かな部分まで反映させる必要があるのです。

普段の生活で深く構造物を観察することで勉強になります。自分の家など、身近な構造物がどういう造りになっているのか観察するくせをつけましょう。

CADソフトの種類

CADソフトは大きく4種類に分けることができます。Jw_cadは❶の汎用CADに区分されます。まずは、比較的かんたんに操作することができるJw_cadから練習するとよいでしょう。

❶ 汎用CAD

汎用CADとは、あらゆる設計に対応したCADです。機能が特定分野に特化していないため、幅広い用途に使用することができます。

❷ 機械用CAD

機械用CADとは、精密な機械図面の設計に特化した専門CADの1つです。自動車や飛行機などの大型機械から電化製品やスマートフォンなどの小型機械まで、機械全般の作図が可能です。

❸ 建築用CAD

建築用CADとは、精密な建築図面の設計に特化した専門CADの1つです。施工図や構造図、設備図などの基本的な設計図はすべて製作可能であり、柱や壁のみならず、インテリアを簡単に配置できる機能も備わっています。

❹ システムCAD

システムCADとは、2次元の平面図から3Dパース（建物を実物のような絵に表したもの）までの一連の図面を作成することができるCADのことです。マウスで行える作業が多く、操作が単純で覚えやすいのが特徴です。

Lesson 06

ベランダを描こう

1階・2階にベランダを作ります。2階のベランダには手すりを取り付け、丸みが出るよう面取りしましょう。

練習ファイル 0706a.jww 完成ファイル 0706b.jww

●2階のベランダを描く

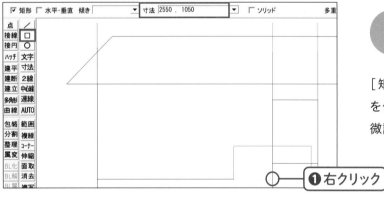

1 四角形を描く

［矩形］コマンドを使って［2550,1050］の四角形を作成します。画像に示す点を右クリックし❶、微調整で真上に配置します。

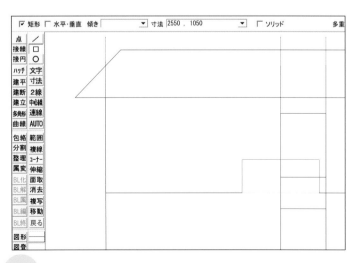

2 四角形を配置する

四角形が窓の中心に来るように移動していきます。

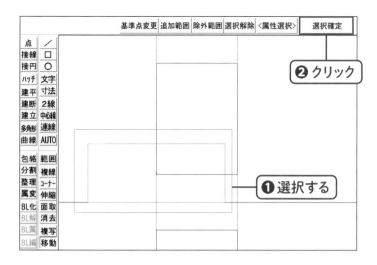

3 四角形を移動する

[移動]コマンドで先ほど作成した四角形を選択し
❶、[選択確定]をクリックします❷。

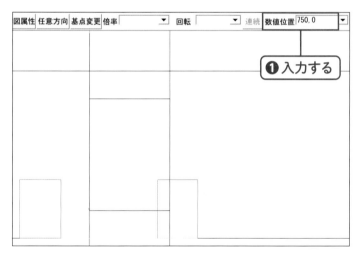

4 四角形を移動する

数値位置に[750, 0]を入力し❶、[Enter]キーを
押します。これで窓の中心に四角形を配置するこ
とができます。

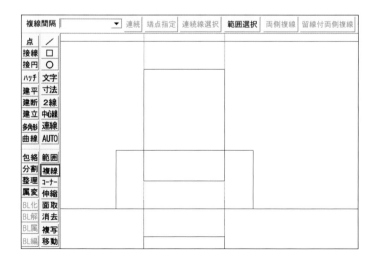

5 [複線]コマンドで複線する

[複線]コマンドを選択した状態で、四角形の左側
の線をクリックします❶。

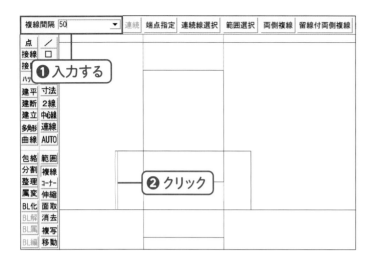

6 複線間隔を設定する

複線間隔「50」を入力します❶。四角形の内側に
カーソルを移動しクリックします❷。

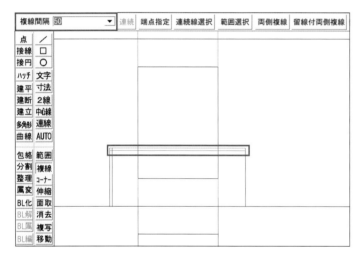

7 複線する

同じ作業を四角形の上の辺でも行います。

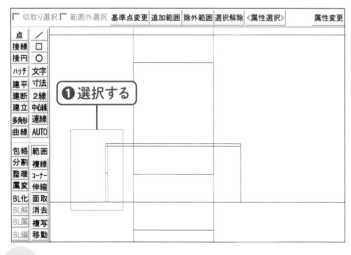

8 範囲選択する

左側の辺を複線して作成した2本の線を範囲選択
します❶。

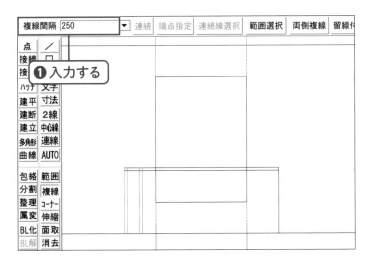

9 複線する

［複線］コマンドをクリックし、複線間隔［250］を
入力します❶。その後 Enter キーを押して複線し
ます。

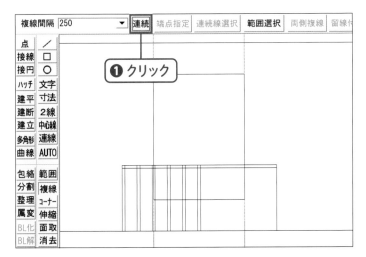

10 連続で複線する

コントロールバーの［連続］をクリックし❶、端ま
で柵を完成させます。

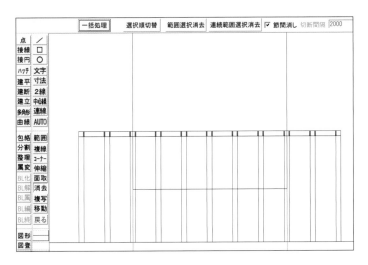

11 重なっている部分を
節間消しする

画像に示している箇所を［消去］コマンドの節間消
しで消去していきます。

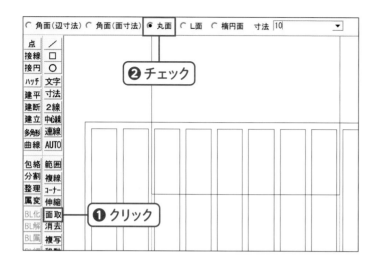

12 面取りをしよう

[面取]コマンドをクリックし❶、[丸面]にチェックを入れます❷。

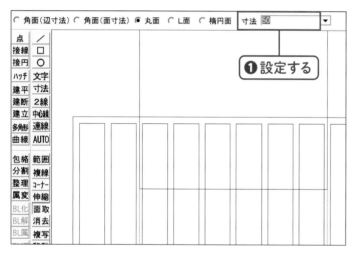

13 面取りの寸法を選択する

面取りの寸法を[50]に設定します❶。

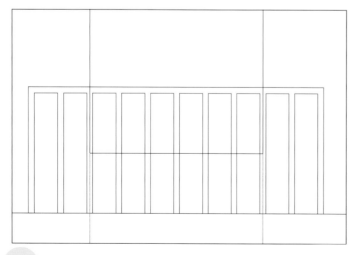

14 面取りを実行する

面取りをしたい箇所の線を選択します。

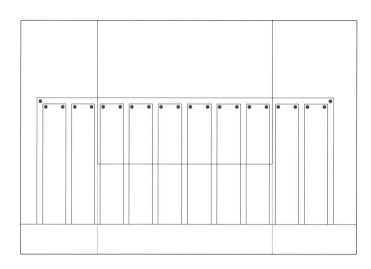

15 順番に面取りを実行する

画像に示している箇所の面取りを実行していきます。

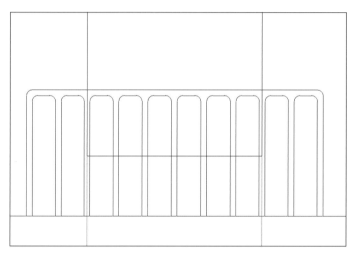

16 ベランダが描けた

画像のようなベランダを描くことができました。

●1階のベランダを描く

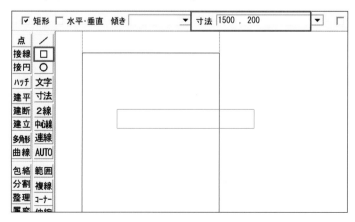

1 四角形の作成

［矩形］コマンドを選択し、［1500, 200］の四角形を作成します。

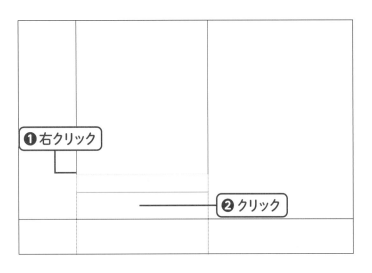

② 四角形の配置

ベランダの左下の頂点にカーソルを合わせて、右クリックをします❶。その後マウスカーソルを右下に配置し、クリックします❷。

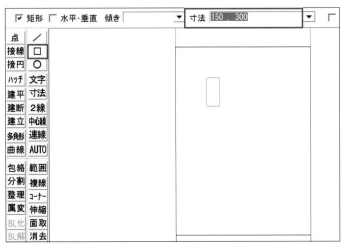

③ ベランダの足を設置する

[矩形] コマンドを選択し、[150，300] の大きさの四角形を作成します。

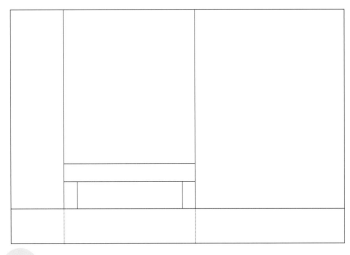

④ 四角形を配置する

ベランダの足になるように、2箇所に四角形を配置します。

中心に配置する方法

クロックメニューを使うことで、線の中心点に図形を配置することができます。

① 半径［100］の円を線の中央に配置します。はじめに［円］コマンドを選択し、半径100を入力します❶。次に、画像に示す点を右クリック＋長押ししながら❷、3時の方向にマウスカーソルを移動させ❸、［中心点・Ａ点］と表示されたら右クリックを離します。

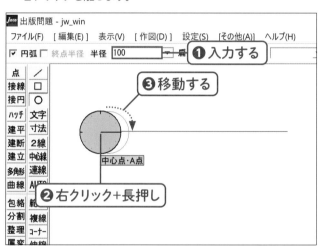

② ステータスバーに［Ｂ点指示］と表示されるので、画像に示す点を右クリックします❶。

③ 線の中心に図形を配置することができました。

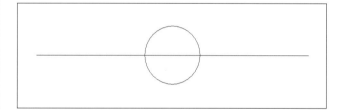

CADの資格

CADの資格を取得しなくても設計士になることは可能です。ただしCADの資格を保持しているということはCADを扱える証明になり、就職の際に有利に働くこともあるため、スキルアップの手段として活用してもよいでしょう。

① CAD利用技術者試験
CAD利用技術者試験は、CADの知識やスキルを評価するための試験です。CADの基本操作やコンピュータの知識など、基礎的な内容が試験範囲に含まれているため、これからCADを勉強する初心者にもおすすめの資格です。

② 建築CAD検定試験
建築CAD検定試験は国内初の建築系CADの民間資格です。比較的簡単なため、本書を読み終えて図面を描くのに慣れた方は、自信をつけるためにも是非受験してみてください。

Lesson 07

図面を印刷しよう

図面が完成したら印刷してみましょう。ここでは、Jw_cad の画面から印刷を実行する方法を学びます。

練習ファイル **0707a.jww** 完成ファイル **なし**

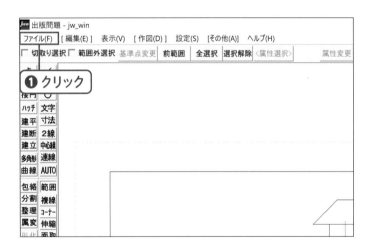

1 [ファイル]を選択する

[ファイル]メニューをクリックします❶。

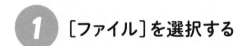

2 [印刷]をクリックする

[印刷]をクリックします❶。

3 プリンターの設定画面が表示された

[プリンターの設定]の画面が表示されます。

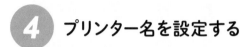

4 プリンター名を設定する

[プリンター名]でお使いのプリンターを設定します**❶**。

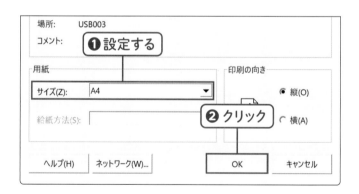

5 用紙サイズを選択する

用紙サイズを[A4]に設定し**❶**、[OK]をクリックします**❷**。

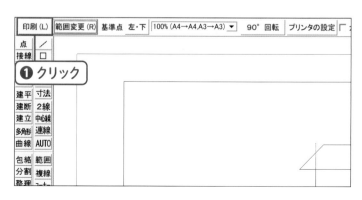

6 印刷する

[印刷]をクリックすると**❶**、設定した内容で印刷できます。

Chapter 7

住宅の立面図を描こう

Index

著者プロフィール

政家 諒（まさか りょう）

関西大学環境都市工学部を卒業した後、大手建設コンサルタント会社に勤務。橋梁の設計を手掛ける。その後、設計のオンラインスクール「キャド塾」を設立し、約50人の生徒を抱える。現在はマレーシアに移住し、留学・サポート事業を行っている。

カバーデザイン ························· クオルデザイン（坂本 真一郎）
カバーイラスト ························· サカモトアキコ
本文デザイン ························· クオルデザイン（坂本 真一郎）
DTP ························· 五野上 恵美
編集 ························· 藤田 夏凪
技術評論社ホームページ ······· https://gihyo.jp/book

デザインの学校
これからはじめる
Jw_cad（ジェイダブリューキャド）の本（ほん）

2023年4月26日　初 版　第1刷発行

著　者　政家 諒（まさか りょう）
発行者　片岡 巌
発行所　株式会社技術評論社
　　　　東京都新宿区市谷左内町 21-13
　　　　電話　03-3513-6150　販売促進部
　　　　　　　03-3513-6160　書籍編集部
印刷／製本　大日本印刷株式会社

ISBN978-4-297-13439-6 C3055
Printed in Japan

問い合わせについて

本書の内容に関するご質問は、下記の宛先までFAXまたは書面にてお送りください。なお電話によるご質問、および本書に記載されている内容以外の事柄に関するご質問にはお答えできかねます。あらかじめご了承ください。

〒162-0846
新宿区市谷左内町 21-13
株式会社技術評論社　書籍編集部
「デザインの学校 これからはじめる Jw_cadの本」質問係

［FAX］　03-3513-6167
［URL］　https://book.gihyo.jp/116

なお、ご質問の際に記載いただいた個人情報は、ご質問の返答以外の目的には使用いたしません。また、ご質問の返答後は速やかに破棄させていただきます。